SCHRIFTENREIHE DES IMT 12

Schriftenreihe des Instituts für
Management und Tourismus

Herausgegeben von Christian Eilzer,
Bernd Eisenstein und Wolfgang Georg Arlt

Lars Rettig

Digitalisierung der Bildung

Warum und wie lernen wir ein Leben lang?

Forschungsergebnisse zur Online-Weiterbildung im
Tourismus. Bedeutung – Erwartung – Nutzung

Bibliografische Information der Deutschen Nationalbibliothek
Die Deutsche Nationalbibliothek verzeichnet diese Publikation
in der Deutschen Nationalbibliografie; detaillierte bibliografische
Daten sind im Internet über http://dnb.d-nb.de abrufbar.

ISSN 2194-0002
ISBN 978-3-631-66417-9 (Print)
E-ISBN 978-3-653-05559-7 (E-PDF)
E-ISBN 978-3-631-70294-9 (EPUB)
E-ISBN 978-3-631-70295-6 (MOBI)
DOI 10.3726/978-3-653-05559-7

© Peter Lang GmbH
Internationaler Verlag der Wissenschaften
Frankfurt am Main 2017
Alle Rechte vorbehalten.
PL Academic Research ist ein Imprint der Peter Lang GmbH.

Peter Lang – Frankfurt am Main · Bern · Bruxelles · New York ·
Oxford · Warszawa · Wien

Das Werk einschließlich aller seiner Teile ist urheberrechtlich
geschützt. Jede Verwertung außerhalb der engen Grenzen des
Urheberrechtsgesetzes ist ohne Zustimmung des Verlages
unzulässig und strafbar. Das gilt insbesondere für
Vervielfältigungen, Übersetzungen, Mikroverfilmungen und die
Einspeicherung und Verarbeitung in elektronischen Systemen.

Diese Publikation wurde begutachtet.

www.peterlang.com

Vorwort des Autors

Die vorliegende Publikation ist im Rahmen des Forschungs- und Entwicklungsprojekts (F&E-Projekt) *LINAVO* entstanden. Das Akronym steht für den Projektnamen *Offene Hochschulen in Schleswig-Holstein: Lernen im Netz, Aufstieg vor Ort*. Die im Rahmen des F&E-Projekts durchgeführte empirische Untersuchung dient dabei nicht nur dem Erkenntnisgewinn für das eigene Entwicklungsvorhaben, sondern soll auch Praktikern einen Einstieg in die Themenfelder *Digitalisierung der Bildung* und *Lebenslanges Lernen* im Tourismus geben und helfen die Weiterbildungsstrategie im Unternehmen vor dem Hintergrund dieser Forschungsergebnisse kritische zu reflektieren. Zudem bietet dieses Buch Weiterbildungsinteressierten und Berufstätigen (im Tourismus) eine Möglichkeit der analytischen Auseinandersetzung mit Formaten und Optionen der eigenen Weiterbildung.

Möglich wurde das Projekt durch die erfolgreiche Teilnahme am Bund-Länder-Wettbewerb ‚Aufstieg durch Bildung: offene Hochschulen', bei dem das Verbundprojekt[1] als eines der Gewinner für eine Förderung ausgewählt wurde. Der zugrundeliegende Wettbewerb „gliedert sich in zwei Wettbewerbsrunden, in denen Einzel- und Verbundprojekte für innovative, nachfrageorientierte und nachhaltige Konzepte zur Weiterbildung an Hochschulen gefördert werden."[2] Das Teilprojekt der Fachhochschule Westküste ist in der ersten Wettbewerbsrunde gefördert worden unter den Förderkennzeichen FKZ 16OH11060 und FKZ 16OH12030.

Gerne möchte ich mich daher an dieser Stelle für vieles bedanken. Zuerst bei den Herausgebern der Schriftenreihe des Instituts für Management und Tourismus für die Möglichkeit diese Publikation hier zu veröffentlichen. Ebenso möchte ich mich für die Chance bedanken, dass ich im Rahmen des Projekts LINAVO an den Forschungsfragen zum Lebenslangen Lernen im Tourismus arbeiten konnte – nicht nur für die finanzielle Förderung durch BMBF und ESF, sondern auch für die inhaltliche Förderung am Standort FH Westküste durch die im Projekt beteiligten Professoren. In zeitlicher Reihenfolge der Beteiligung am Projekt waren Prof. Dr. Thomas Haack, Prof. Dr. Bernd Eisenstein, Prof. Dr. Burkhard Müller,

---

1 Partner im Projekt sind die Fachhochschule Kiel, die Fachhochschule Lübeck, die Fachhochschule Westküste (Heide) und die Universität Flensburg.
2 BMBF 2015a.

Prof. Dr. Eric Horster und Prof. Dr. Tim Warszta sehr wichtig für das Gelingen dieses Buches.

Der fachliche Austausch mit den Mitarbeiterinnen und Mitarbeitern an den vier Standorten des Verbundprojekts und die fruchtbaren Gespräche mit den Kolleginnen und Kollegen an der FH Westküste sind ebenfalls mit in dieses Buch eingeflossen. Vielen Dank dafür.

Ein ganz besonderer Dank gilt Prof. Dr. Eric Horster, Christian Eilzer und Julian Reif für die Durchsicht des Manuskripts, Dr. Morten Friedrichsen für kritische und philosophische Fragestellungen zu Auszügen und Leseproben sowie Prof. Dr. Burkhard Müller für die Verankerung von Weiterbildung und Digitalisierung an der FH Westküste durch die Gründung des _Weiterbildungs-Instituts für akademische Studien- und E-Learningangebote_ (WISE) im Jahr 2015.

Ich möchte auch allen studentischen Hilfskräften des Projekts LINAVO danken, die hier wertvolle Vor- und Zuarbeiten geleistet haben. Ein ganz besonderer Dank an Ann-Christin, Sina, Paula, Claudia, Lena, Stefanie, Isabell, Sarah, Stefanie und Stefanie. Und ein ganz besonderer Dank an Sarah für die Grafiken und die Einpflege des Indexes.

Heide im Januar 2017

Lars Rettig

Inhaltsverzeichnis

Abbildungsverzeichnis 9

Tabellenverzeichnis 11

Abkürzungsverzeichnis 13

1. Zielsetzung und Aufbau 15
2. Abgrenzung der Begriffe Ausbildung, Weiterbildung, Fortbildung und Lebenslanges Lernen 19
3. Notwendigkeit des Lebenslangen Lernens – Megatrends und Halbwertzeit 25
4. Lernen und Lerntheorien 31
5. Online-Weiterbildung 41
    5.1 Abgrenzungen der Begriffe E-Learning, Blended Learning, MOOC und SPOC 41
    5.2 E-Learning in der Weiterbildung 47
6. Bildung und Weiterbildung im Tourismus 55
7. Forschungsdesign 61
8. Ergebnisse der empirischen Untersuchung zu Wichtigkeit, Investition und Förderung von Weiterbildung im Tourismus 67
9. Nutzungs- und Nichtnutzungsgründe von akademischen Weiterbildungsangeboten im Tourismus 79
10. Erwartungshaltung an akademische Online-Weiterbildungsangebote im Tourismus 93

11. Zusammenfassung, Ausblick und weiterer
    Forschungsbedarf 117

Literaturverzeichnis 123

Stichwortverzeichnis 137

Anhang 145

Autoreninformation 147

Weitere Publikationen des Autors 149

Förderhinweis 151

Abbildungsverzeichnis

Abbildung 1:	Übersicht der Standorte touristischer Studiengänge in Deutschland	20
Abbildung 2:	Aus-, Fort- und Weiterbildung und Lebenslanges Lernen	21
Abbildung 3:	Anbieter von Weiterbildung	22
Abbildung 4:	Megatrends in der Arbeitswelt	26
Abbildung 5:	Halbwertzeit des Wissens	29
Abbildung 6:	Zielsetzungstheorie	33
Abbildung 7:	Die Einflussgrößen Struktur, Verfassung und Tätigkeit im S-O-R-Modell	36
Abbildung 8:	E-Learning-Kategorisierung	42
Abbildung 9:	Anforderungen an Distance Learning Lernplattformen	43
Abbildung 10:	Formen der Weiterbildung gemäß amtlicher Statistik	57
Abbildung 11:	Der zugrundeliegende Forschungsprozess	62
Abbildung 12:	Ablauf des Interviews, einzelne Phasen	63
Abbildung 13:	Vom Datenmaterial zur Ergebnisdarstellung	65
Abbildung 14:	Wichtigkeit von Weiterbildung	68
Abbildung 15:	Selbstaktualisierung als ein Kernmotiv für die Weiterbildungsteilnahme	70
Abbildung 16:	Veränderungsfähigkeit als ein Kernmotiv für die Investition in Weiterbildung	75
Abbildung 17:	Arbeitslosenquote mit und ohne Hochschulabschluss	81
Abbildung 18:	Eisenhower-Matrix	83
Abbildung 19:	Hemmnisse hinsichtlich der Nutzung von Weiterbildung	84
Abbildung 20:	Rahmenbedingungen und Mindestanforderungen	85
Abbildung 21:	Räumliche Entfernung des Weiterbildungsangebots	87
Abbildung 22:	Zeitbudget für Weiterbildung pro Jahr	88
Abbildung 23:	Zeit für Weiterbildung	91
Abbildung 24:	C/D-Paradigma	94
Abbildung 25:	Kombiniertes Phasenmodell zu Prozess, Transaktion und Zufriedenheit	96
Abbildung 26:	Einflussgrößen auf die Erwartungshaltung	97

Abbildung 27: Kano-Modell der Kundenzufriedenheit 98
Abbildung 28: Vorbehalte der Skeptiker und Vorteile seitens der
              Befürworter von E-Learning 106
Abbildung 29: Überblick verschiedener Qualifikationsziele und
              -niveaus im E-Learning 108

Tabellenverzeichnis

Tabelle 1: Unterschiede MOOC (xMOOC, cMOOC) und SPOC 46
Tabelle 2: Berufsbegleitende, tourismusmanagementorientierte Masterstudiengänge 53
Tabelle 3: Interviewpartner/innen 61
Tabelle 4: Selbstbild-Fremdbild-Matrix für die FH Westküste 110
Tabelle 5: Anforderungen an Online-Weiterbildungsangebote 113

Abkürzungsverzeichnis

AES	Adult Education Survey
AFBG	Aufstiegsfortbildungsförderungsgesetz
AHGZ	Allgemeine Hotel- und Gastronomie-Zeitung
BAföG	Bundesausbildungsförderungsgesetz
BBC	British Broadcasting Corporation (britische Rundfunkanstalt)
BBiG	Berufsbildungsgesetz
BIBB	Bundesinstitut für Berufsbildung
BMBF	Bundesministerium für Bildung und Forschung
bspw.	beispielsweise
bzw.	beziehungsweise
CBT	computer based trainings
CC	Creative Commons (Lizenz)
c/d	confirmation-disconfirmation (paradigm)
DEHOGA	Deutsche Hotel- und Gaststättenverband e. V.
d. h.	das heißt
DQR	Deutscher Qualifikationsrahmen
ECTS	European Credit Transfer System
etc.	et cetera
EU-EQT	Europäische Ergänzungsqualifizierung im Tourismusmanagement
FHW	Fachhochschule Westküste
FKZ	Förderkennzeichen
HACCP	Hazard Analysis Critical Control Point
IHK	Industrie- und Handelskammer
IMT	Institut für Management und Tourismus der FHW
LINAVO	Lernen im Netz, Aufstieg vor Ort (Projektname)
LMS	Lernmanagementsystem
MIT	Massachusetts Institute of Technology
MOOC	massive open online course
OA	open access
OER	open educational resources
PC	personal computer
S – R	Stimulus – Response
S – O – R	Stimulus – Organism – Response
SPOC	small private online course
SWOT	Strengths, Weaknesses, Opportunities, Threats

u. a.	und andere
UNESCO	United Nations Educational, Scientific and Cultural Organization
vgl.	vergleiche
WBS	work-based studies
WBT	web-based trainings
WS	Wintersemester
ZfTW	Zeitschrift für Tourismuswissenschaften

1. Zielsetzung und Aufbau

Am Tourismus sind viele Wirtschaftssegmente direkt und indirekt beteiligt. Dabei treffen Berufstätige im Tourismus im Zuge dynamischer Veränderungsprozesse immer wieder auf neue Marktkonstellationen und Anforderungen, die besondere Fähigkeiten und Fertigkeiten erfordern. Untersucht wird in diesem Band der Schriftenreihe des Instituts für Management und Tourismus (IMT) der Fachhochschule Westküste (FHW) daher die Notwendigkeit und Bedeutung des lebenslangen, berufsbegleitenden Lernens der Beschäftigten in der Tourismusbranche.

Zielsetzung

Das Projekt LINAVO[3] verfolgt Forschungs- und Entwicklungsziele. Letztere sind akademische Weiterbildungsangebote für Personen mit Familienpflichten, Berufstätige, wie bspw. im Arbeitsleben stehende Bachelor-Absolventen/innen, Berufsrückkehrer/innen, Studienabbrecher/innen oder arbeitslose Akademiker/innen. Entsprechend lag der Forschungsfokus des *Teilprojekts Tourismusmanagement* an der Fachhochschule Westküste auf der Untersuchung von *akademischer Weiterbildung im Tourismus*.

Für Weiterbildungen auf akademischem Niveau sind Institutionen wie Hochschulen gefordert, diesen Bildungsauftrag zu erfüllen und auch Berufstätige im Tourismus auf dem aktuellen Stand von Wissenschaft und Forschung weiter zu qualifizieren. Mit 8.184 Studierenden strebt laut statistischem Bundesamt eine erhebliche Menge an Personen einem Bachelorabschluss mit Tourismus-Schwerpunkt entgegen. Demgegenüber sind 522 Master-Studierende mit entsprechender Ausrichtung in Deutschland immatrikuliert.[4] Ein berufsbegleitendes Online-Angebot für Touristiker auf Masterniveau wird noch nicht am deutschen Bildungsmarkt angeboten. Um diese Lücke zu schließen, sind als Ergebnis der Entwicklungen im F&E-Projekt LINAVO der Online-Masterstudiengang Tourismusmanagement und daraus ausgekoppelt Zertifikatskurse entstanden. Diese akademischen Weiterqualifizierungen im Sinne des *Lebenslangen Lernens*[5] für

---

3   Das Akronym steht für den Projektnamen ‚Offene Hochschulen in Schleswig-Holstein: Lernen im Netz, Aufstieg vor Ort'. Mehr zur Projektförderung im Vorwort.
4   Stand WS 2014/15, siehe hierzu: Statistisches Bundesamt (Hg.) 2015a, S. 345.
5   Der Begriff *Lebenslanges Lernen* wird vom Autor als feststehender Begriff/Eigenname genutzt und verstanden und daher im Folgenden konsequent großgeschrieben. Zur Abgrenzung der Begriffe siehe Kapitel 2.

Berufstätige im Tourismusmanagement sind im Sommersemester 2016 an der Fachhochschule Westküste an den Markt gegangen.

Die begleitende Forschung hat zum Ziel sowohl die Bedeutung von Weiterbildung im Tourismus als auch die Erwartung an akademische Weiterbildungsangebote für die Branche zu ermitteln. Zudem soll die Nutzung und Nicht-Nutzung von (onlinegestützten) Hochschul-Weiterbildungsangeboten beleuchtet werden. Die dazu im Rahmen der nachfolgend genannten Fragestellungen durchgeführte empirische Untersuchung hat gezeigt, welche Gründe für die digitale Konzeption und Umsetzung in Form eines E-Learning-Angebots sprechen.

Als Forschungsergebnisse des F&E-Projekts LINAVO sind das vorliegende Buch sowie weitere Publikationen wissenschaftlicher Artikel u. a. in der ZfTW (siehe Rettig 2016) und dem Herausgeberband Teaching Trends 2016 (siehe Rettig & Warszta 2016) entstanden.

Leitende Fragestellungen

Drei Themenfelder der berufsbegleitenden Weiterbildung im Tourismus und damit verbundene Fragestellungen werden im empirischen Teil dieses Buches (Kapitel 7 bis 11) detailliert betrachtet.

1. Die Bedeutung des lebenslangen, berufsbegleitenden Lernens der Beschäftigten in der Tourismusbranche
2. Die Nicht-Nutzungsgründe onlinegestützter Hochschul-Weiterbildungsangebote im Tourismus
3. Die Erwartungshaltung der Beschäftigten in der Tourismusbranche an einen onlinegestützten und berufsbegleitenden Weiterbildungsstudiengang im Tourismus

Aufbau

Nach der Einleitung (Kapitel 1) werden zunächst die Begriffe berufliche und akademische Ausbildung, Fortbildung, Weiterbildung und Lebenslanges Lernen abgegrenzt (Kapitel 2). Danach wird auf die Notwendigkeit Lebenslangen Lernens und auf den damit verbundenen Begriff der Halbwertzeit des Wissens eingegangen (Kapitel 3). In Kapitel 4 wird ein Überblick gegeben, warum und wie Menschen lernen.

Aufbauend auf den dargestellten Lerntheorien werden ausgewählte Formen der Weiterbildung für Berufstätige, wie E-Learning und Blended Learning erläutert (Kapitel 5). Im nachfolgenden Kapitel werden die Themenfelder Bildung und Weiterbildung im Tourismus betrachtet und mit statistischen Daten veranschaulicht (Kapitel 6).

Zur Beantwortung der Forschungsfragen geschieht eine qualitative Datenerhebung mittels telefonischer Leitfadeninterviews. Der Aufbau der Interviews ist im Kapitel zum Forschungsdesign (Kapitel 7) detailliert erläutert.

Die einzelnen Themenfelder Bedeutung von Weiterbildung im Tourismus, Nutzungs- und Nichtnutzungsgründe sowie spezieller die Erwartungshaltung an online-gestützte Weiterbildungsangebote werden in den Kapiteln 8 bis 10 untersucht. Nach der Ergebnisdiskussion der Befragung wird ein Ausblick auf Einsatzmöglichkeiten gegeben, bevor sie vor dem Hintergrund der Erkenntnisse der Auseinandersetzung mit diesem Thema reflektiert werden (Kapitel 11).

2. Abgrenzung der Begriffe Ausbildung, Weiterbildung, Fortbildung und Lebenslanges Lernen

In diesem Abschnitt sollen zunächst die wichtigsten Begriffe im Kontext des Lebenslangen Lernens definiert werden. Hierzu zählen die Ausbildung, die Fortbildung, die Weiterbildung und der Begriff des Lebenslangen Lernens selbst.

Ausbildung

Der Begriff Erstausbildung wird sowohl im Bereich der beruflichen als auch akademischen Bildung verwendet. Im Verständnis einer Berufsausbildung vermittelt eine Ausbildung die notwendigen Fähigkeiten, Kenntnisse und Fertigkeiten für die Ausübung einer qualifizierten beruflichen Tätigkeit. Zudem ermöglicht sie den Erwerb der erforderlichen Berufserfahrung.[6] Ausbildungsberufe im Bereich des Tourismus sind beispielsweise Servicekräfte im Personalverkehr, Auszubildende im Veranstaltungsservice und -management, in der Gastronomie und in der Hotellerie.[7]

Die akademische Ausbildung dient dem Aufbau von Fachkompetenzen (Wissen und Fertigkeiten) und personalen Kompetenzen (Sozialkompetenz und Selbstständigkeit).[8] Im Bereich der akademischen Ausbildung wird dabei nicht nur bei einem grundständigen Studium, wie bspw. beim Bachelorstudium, von einer Erstausbildung gesprochen. Auch ein direkt an das Bachelorstudium anschließendes – und deshalb als konsekutiv bezeichnetes – Masterstudium gehört in den Bereich der akademischen Erstausbildung.[9] Eine aktuelle Übersicht touristischer Studiengänge in Deutschland findet sich auf der Webseite Hochschulkompass (www.hochschulkompass.de), ein Überblick über die Standorte in Abbildung 1.[10] Einen Alternativentwurf zur Abgrenzung von gebührenfreier Erstausbildung und gebührenpflichtiger Weiterbildung bietet die Idee des Bildungskonto-Modells, das

---

6 Vgl. Berufsbildungsgesetz (BBiG) § 1, Abs. 3.
7 Eine aktuelle, grafische Übersicht der Auszubildendenzahlen in Deutschland (vgl. Statistisches Bundesamt (Hg.) 2015b) ist im Tourismusatlas Deutschland aufbereitet (vgl. Rettig 2017, S. 109).
8 Vgl. BMBF 2011a, S. 5.
9 Vgl. Bundesfinanzhof (18.11.2015): Kindergeld: Konsekutives Masterstudium als Teil der Erstausbildung.
10 Eine größere und detailliertere Visualisierung findet sich bei Rettig 2017, S. 109.

unabhängig vom Zeitpunkt der Ausbildung eine Bildungsteilhabe durch Kapitalbildung fördert und fördern möchte.[11]

Abbildung 1: Übersicht der Standorte touristischer Studiengänge in Deutschland[12]

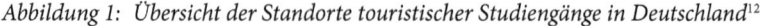

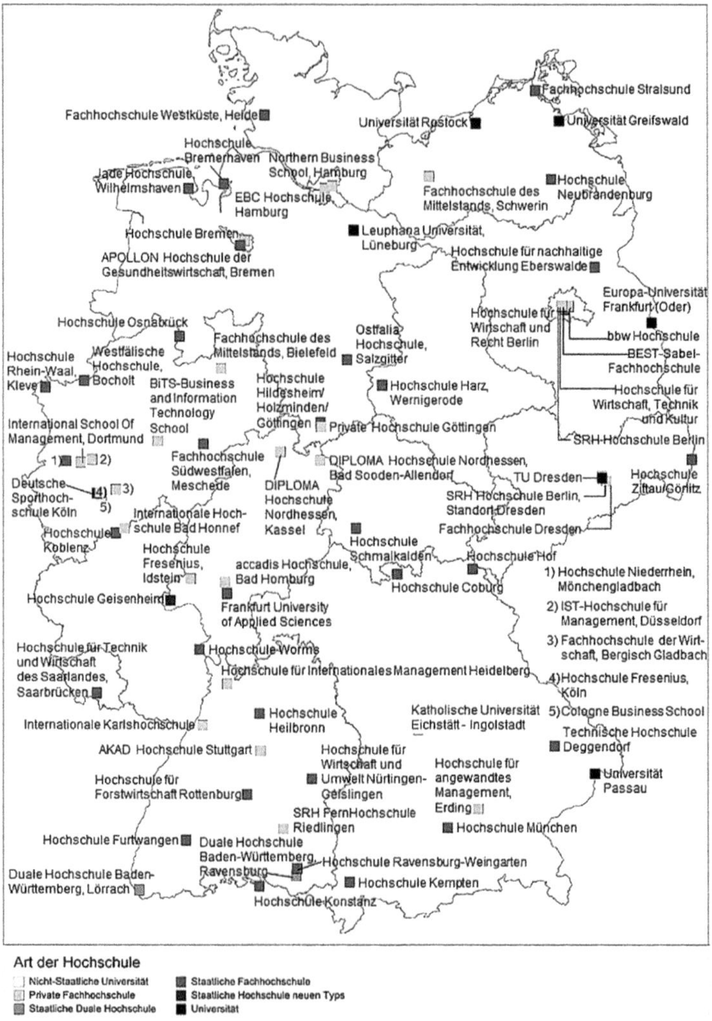

---

11 Vgl. Stiftung neue Verantwortung e. V. (Hg.) 2009 für einen Einblick in dieses Konzept.
12 Eigene Darstellung nach Rettig 2017, S. 109; Kartengrundlage: GfK RegioGraph; Erstellung: Rebekka Schmudde.

Weiterbildung

Ausbildung und Weiterbildung (siehe Abbildung 2) unterscheiden sich, denn letztere wird als die „Fortsetzung oder Wiederaufnahme organisierten Lernens nach Abschluss einer unterschiedlich ausgedehnten ersten Bildungsphase [...]"[13] definiert.

Abbildung 2: Aus-, Fort- und Weiterbildung und Lebenslanges Lernen[14]

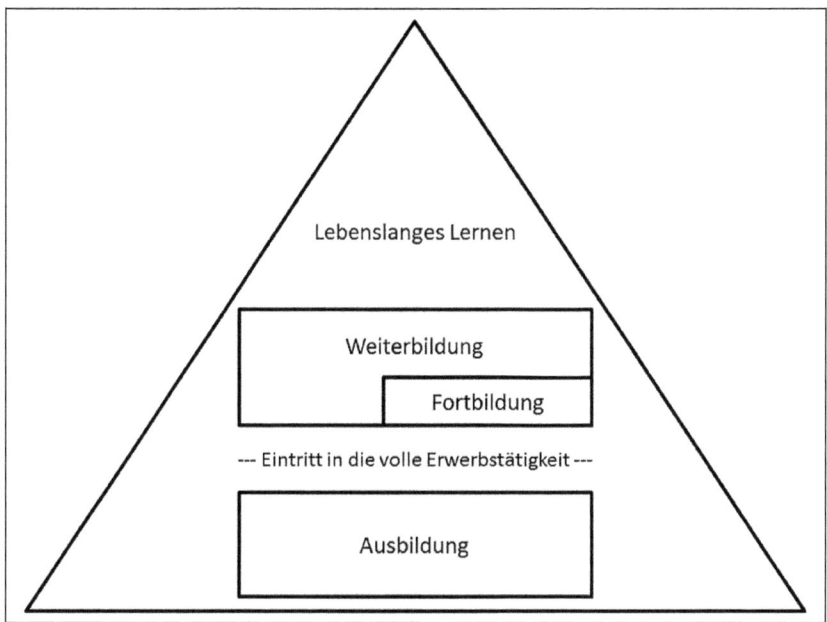

Dieser Begriffsbeschreibung des Deutschen Bildungsrates von 1970 folgend, kennzeichnet der Eintritt in die volle Erwerbstätigkeit in der Regel den Abschluss der ersten Bildungsphase. Abgegrenzt von diesem Begriff der Weiterbildung wird das kurzfristige Anlernen und Einarbeiten am Arbeitsplatz, welches diesem Verständnis nach noch nicht als Weiterbildung gilt.[15] Charakteristisch für Weiter-

---

13 Deutscher Bildungsrat, Bildungskommission (Hg.) 1970, S. 197, zitiert nach Bilger et al. 2013, S. 16.
14 Eigene Darstellung.
15 Vgl. Deutscher Bildungsrat, Bildungskommission (Hg.) 1970, S. 197, zitiert nach Bilger et al. 2013, S. 16.

bildungsaktivitäten ist, dass sie auf bestehendes Vorwissen aufbauen und zum Ziel haben Kenntnisse und Fähigkeiten zu vertiefen oder zu verbreitern. Dabei spielt im Rahmen der oben angegebenen Definition der zeitliche Umfang oder die Art der Organisation (formal, non-formal, informell) keine Rolle. Andere definitorische Abgrenzungen, wie bspw. die des *Adult Education Survey* beziehen hingegen Weiterbildungsaktivitäten außerhalb des beruflichen Kontextes, wie bspw. Fahrstunden für den Führerschein oder Nachhilfestunden, definitorisch mit ein.[16] Für diese Publikation soll im Folgenden aber die Trennung von Ausbildung und Weiterbildung Anwendung finden, die in Abbildung 2 skizziert ist.

Abbildung 3: Anbieter von Weiterbildung[17]

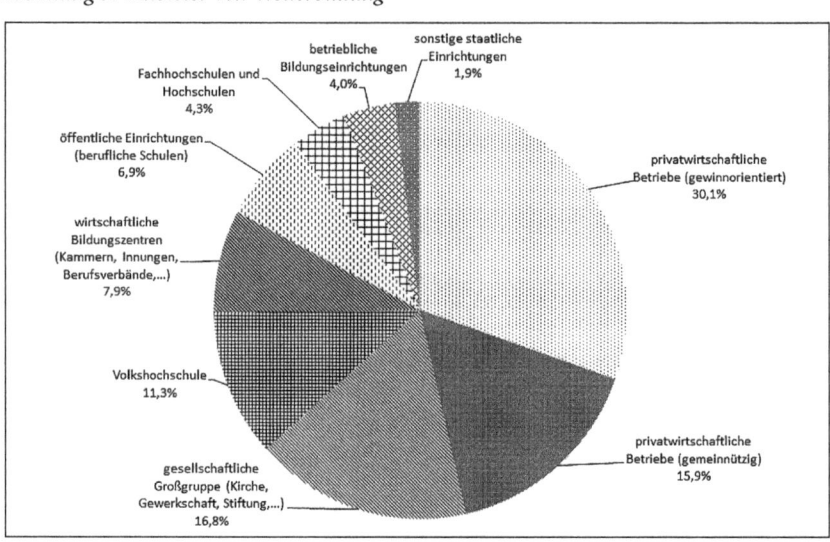

Anbieter von Weiterbildung in Deutschland sind laut Datenreport zum Berufsbildungsbericht 2015 zu 30,1 % gewinnorientierte, privatwirtschaftliche Betriebe. 15,9 % sind gemeinnützige, privatwirtschaftliche Einrichtungen. 11,3 % sind Volkshochschulen und 16,8 % haben Träger wie Kirche, Gewerkschaft, Verband, Stiftung, Partei oder eine andere gesellschaftliche Gruppe. Der Anteil von staatlichen Fachhochschulen und Hochschulen an der Weiterbildungslandschaft Deutschland liegt bei 4,3 %[18] (siehe Abbildung 3). Weiterbildungsangebote im

---

16 Vgl. Bilger et al. 2013, S. 27.
17 Eigene Darstellung auf Basis der Daten aus BIBB (Hg.) 2015, S. 326.
18 Vgl. BIBB (Hg.) 2015, S. 326.

Tourismus reichen entsprechend von Seminaren, Workshops und Trainings bis hin zu Managementqualifikationen auf Masterniveau an Hochschulen.

Lebenslanges Lernen

Wesentlich weiter greift der Begriff des Lebenslangen Lernens, da er unabhängig von der Erwerbstätigkeit definiert ist. Lebenslanges Lernen bezeichnet „alles Lernen, das der Verbesserung von Wissen, Qualifikationen und Kompetenzen dient und im Rahmen einer persönlichen, bürgergesellschaftlichen, sozialen, bzw. beschäftigungsbezogenen Perspektive erfolgt."[19] Die Notwendigkeit des Lebenslangen Lernens wird im dritten Kapitel thematisiert.

Fortbildung

Die berufliche Fortbildung ist als eine spezifische und zweckgebundene Form der Weiterbildung eng definiert. Die Rahmenbedingungen für die diesbezüglich zu erwerbenden Abschlüsse werden im Berufsbildungsgesetz geregelt.[20] Auch die Zielsetzung einer Fortbildung ist dort klar benannt. Sie „soll es ermöglichen, die berufliche Handlungsfähigkeit zu erhalten und anzupassen oder zu erweitern und beruflich aufzusteigen."[21] Zu den Fortbildungsabschlüssen im Tourismus gehört bspw. der/die Tourismusfachwirt/in oder auch der/die Fachwirt/in im Gastgewerbe.[22]

Zusammenfassung

Es wird deutlich, dass die einzelnen Begriffe nicht überschneidungsfrei sind. Dennoch bietet die hier vorgenommene Differenzierung eine sprachliche Basis für die folgenden Kapitel. Abbildung 2 ist hierbei zentral, da sie die einzelnen Begriffe in einen visuellen Zusammenhang bringt. Im folgenden Kapitel soll die Notwendigkeit des Lebenslangen Lernens im Kontext globaler Megatrends, persönlicher Bedürfnisse und einer Auseinandersetzung mit dem Begriff der Halbwertzeit von Wissen be- und ergründet werden. So wird im Laufe dieser Publikation schrittweise deutlich gemacht, warum Lebenslanges Lernen im Tourismus relevant und wichtig ist.

---

19 Europäische Kommission (Hg.) 2001, S. 9.
20 Vgl. Berufsbildungsgesetz (BBiG) Kapitel 2 § 53 bis § 57.
21 Berufsbildungsgesetz (BBiG) § 1, Abs. 4.
22 Zahlen zu Teilnahmen an diesen Fortbildungsprüfungen und für zugehörige Prüfungserfolge siehe Statistisches Bundesamt (Hg.) 2015c, S. 19.

3. Notwendigkeit des Lebenslangen Lernens – Megatrends und Halbwertzeit

In diesem Kapitel werden zunächst gesellschaftliche Entwicklungen betrachtet und vor dem Hintergrund persönlicher Bedürfnisse reflektiert. Daraus werden die Anforderungen an eine lernende Gesellschaft deutlich und die Notwendigkeit des Lebenslangen Lernens begründet. Danach wird der Begriff der Halbwertzeit des Wissens eingeführt und erläutert. Es wird dargestellt, warum im allgemeinen Sprachgebrauch dem Wissen eine sinkende Halbwertzeit zugeschrieben wird und warum das Lebenslange Lernen an Relevanz gewinnt.

Globale Megatrends und Veränderung der Strukturen

Die Notwendigkeit des Lebenslangen Lernens wird deutlich, wenn man die Veränderungen der Arbeitswelt betrachtet. Walter und Kollegen beschreiben in ihrer Publikation *Die Zukunft der Arbeitswelt. Auf dem Weg ins Jahr 2030* drei Megatrends, welche die aktuellen Veränderungen kennzeichnen.[23]

Als erstes nennen die Autoren technisch-ökonomische Entwicklungen, wie eine zunehmende Globalisierung, die Integration der Informations- und Kommunikationstechnologie in die Produktionsprozesse sowie die Entwicklung zu Wissens- und Innovationsgesellschaften, die einen unmittelbaren Einfluss auf die Art und Weise der Gestaltung von Lernumgebungen haben. Weitere von den Autoren genannte Faktoren, wie die Energieversorgung und die Verknappung der Rohstoffsituation sowie die damit verbundenen Konsequenzen in der Standortwahl der Unternehmen haben nur einen mittelbaren Einfluss, da es hier mehr um räumliche Fragestellungen geht, also bspw. wo in Zukunft Kristallisationspunkte von Wissen und Innovation sein werden.

Zweitens stellen demografische Entwicklungen, wie die Alterung der Gesellschaft und der Belegschaften, die Schrumpfung der Bevölkerung in den Industriestaaten und die damit einhergehende Verknappung der Nachwuchskräfte sowie eine Verlängerung der Lebensarbeitszeit wichtige Gründe für das Lebenslange Lernen dar.

Drittens führen gesellschaftliche Entwicklungen, wie die zunehmende Sensibilisierung für nachhaltiges Handeln sowie die Individualisierung und Feminisierung der Arbeit und der damit einhergehende Wertewandel, zu einer stärkeren

---

23 Vgl. Walter et al. 2013, S. 26–48.

Pluralisierung der Lebensformen. Familie, Freizeit und Arbeit sind keine Gegensätze mehr, sondern miteinander verschmolzene Bereiche. Ein ausgewogenes Verhältnis dieser Bereiche wird als Work-Life-Balance bezeichnet (siehe Abbildung 4).

Abbildung 4: Megatrends in der Arbeitswelt[24]

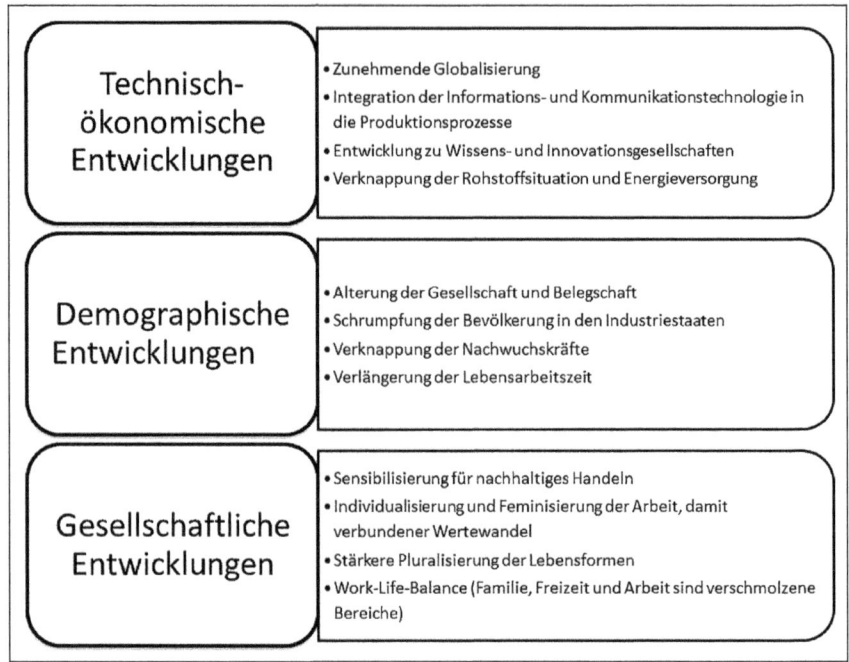

Diese Veränderungen in der Arbeitswelt haben auch Konsequenzen für die Art und Weise der Weiterentwicklung des Personals. Weiterbildung für Mitarbeiter und Mitarbeiterinnen kann nicht mehr nur als eine durch den Betrieb veranlasste Maßnahme betrachtet werden. Lernen ist nicht reduziert auf geschlossene Veranstaltungen in Seminarräumen, sondern wird Teil der individuell gesteuerten Persönlichkeitsentwicklung der Mitarbeiterinnen und Mitarbeiter. Absolvierte Weiterbildungen und erworbene Kompetenzen definieren die Person. Lebenslanges Lernen dient so nicht nur der Absicherung der grundlegenden Bedürfnisse durch den Erhalt des Arbeitsplatzes, sondern auch der Befriedigung des

---

24 Eigene Darstellung nach Walter et al. 2013, S. 26–48.

Bedürfnisses nach Anerkennung, Wertschätzung und schlussendlich auch nach Selbstverwirklichung (siehe auch im Detail die Zusammenfassung zu Nutzungs- und Nicht-Nutzungsgründen von Weiterbildung in Kapitel 9).

Gerade für klein- und mittelständisch geprägte Wirtschaftszweige, wie der Tourismusbranche, haben die beschriebenen Megatrends Konsequenzen für die Aggregation von Wissen. Walter und Kollegen stellen fest, dass es für diese Betriebe „in Zeiten hoher Komplexität und Veränderungsgeschwindigkeit nahezu unmöglich [ist], das erforderliche Wissen in der eigenen Organisation vorzuhalten. […] Gefordert sind daher neue Wege zur Innovation – auch außerhalb der Unternehmensgrenzen. […] Menschen, die diesen Herausforderungen gerecht werden sollen, lassen sich immer weniger in starre Strukturen einbinden."[25] Wie das Einbinden dieser Menschen geschehen kann, ist eine wichtige Frage für die Organisationsentwicklung im Tourismus. Das touristische Unternehmen kann bspw. hierarchisch strukturiert sein, die Personal- und Unternehmensentwicklung aber als Netzwerk aufgestellt werden. Dies würde bedeuten, dass Mitarbeiter in ihren Netzwerken (bspw. als Teilnehmende von Zertifikatskursen) lernen und das erworbene Wissen in ihr Unternehmen zurücktragen. Gleichzeitig aber halten sie im Alumni-Netzwerk den Kontakt zu den weiteren Teilnehmenden der Weiterbildung und tauschen sich aus. Eine stärkere Flexibilisierung der Personalentwicklung und die Existenz verschiedener Organisationsformen in einer Firma bieten hier Lösungsansätze, um die kreativen Köpfe (*creative class*[26]) ins Unternehmen zu holen und dort zu halten.

Halbwertzeit des Wissens

Die Halbwertzeit des Wissens ist ein Begriff, der gerne als Begründung für die Notwendigkeit von Weiterbildung genutzt wird. Was ist damit gemeint? Dieser Abschnitt beleuchtet die Begriffe Wissen und Halbwertzeit genauer.

Probst und Kollegen haben sich intensiv mit dem Thema Wissensmanagement auseinandergesetzt und definieren Wissen wie folgt: „Wissen bezeichnet die Gesamtheit der Kenntnisse und Fähigkeiten, die Individuen zur Lösung von Problemen einsetzen. Wissen stützt sich auf Daten und Informationen, ist im Gegensatz zu diesen jedoch immer an Personen gebunden."[27]

---

25 Walter et al. 2013, S. 53.
26 Vgl. Florida 2012.
27 Probst et al. 2012, S. 24.

Da von jeder Generation neue Informationen erzeugt werden, wächst das potenziell erwerbbare Wissen im Laufe der Zeit an. Badaracco beschreibt eine exponentielle Vergrößerung des Wissenspools[28] und zeigt diese Entwicklung anhand von Beispielen auf, wie der Anzahl der tätigen Wissenschaftler[29] und der Anzahl wissenschaftlicher Journals: „There were roughly 100 scientific journals in 1800, about 1,000 by mid-century, and roughly 10,000 in 1900."[30] Probst und Kollegen verdeutlichen die exponentiellen Züge der Entwicklung menschlichen Wissens am weltweiten Volumen der verfügbaren Informationsmedien und stellen fest, dass zwischen 1950 bis 1975 ebenso viele Bücher produziert wurden wie seit der Erfindung der Druckerpresse im 15. Jahrhundert bis 1950. „Inzwischen erfolgt eine solche Verdopplung nahezu alle 5 Jahre."[31] Dieses stark ansteigende Wachstum verdeutlichen Hornbostel und Möller auch für Deutschland im 21. Jahrhundert. Sie zählen 337.943 Publikationen in Deutschland im Jahr 2011 gegenüber 277.450 Publikationen in 2003, was einer Steigerung von 21,8 Prozent entspricht.[32]

Gleichzeitig zerfällt Wissen aber auch, wenn Kenntnisse und Fähigkeiten bspw. überholt sind und nicht mehr gebraucht werden. Die Fähigkeiten, die eine Person für die Arbeit braucht, befände sich sozusagen im Fluss (engl. *flux*), so Sennet: „the training a young person gains in college in his or her 20s is unlikely to be the knowledge he or she will be using when 40."[33]

Kenntnisse und Fähigkeit in technisierten, globalisierten Gesellschaften sind einem ständigen Wandel unterworfen. Feste Wissensbestände und -positionen verlieren an Bedeutung.[34] Rauch spricht von dem „jedem Informationswissenschaftler vertrauten Phänomen der Verkürzung der Halbwertszeit des Wissens."[35]

---

28 Vgl. Badaracco 1991, S. 20–32.
29 Vgl. Badaracco 1991, S. 24.
30 Badaracco 1991, S. 25.
31 Probst et al. 2012, S. 6, vgl. auch Ehlers 2004, S. 134, der hier 4–5 Jahre als Zeitraum für die Verdopplung angibt.
32 Vgl. Hornbostel und Möller 2015, S. 36.
33 Sennett 1998, o. S.
34 Vgl. Ballod 2009, S. 23 sowie Krummenauer-Grasser 2015, S. 133–134.
35 Rauch 2000, S. 28.

Abbildung 5: Halbwertzeit des Wissens[36]

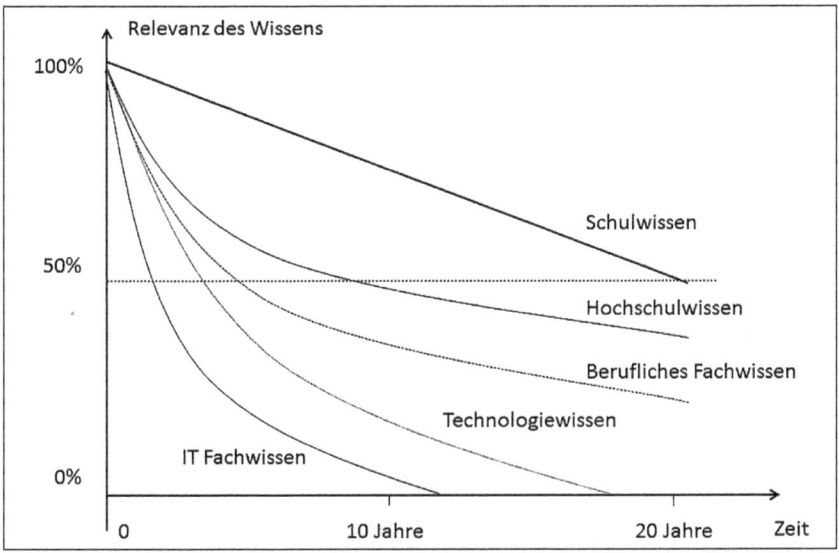

Auch Rosenstiel greift diesen Gedanken auf und fasst die Veränderungen, mit denen sich die Unternehmen auseinandersetzen müssen, zusammen:[37]

- explosionsartige Zunahme des Wissens
- ständig sinkende Halbwertzeit der Wissensinhalte
- technologische Revolutionen
- Globalisierung der Wirtschaft
- wachsende internationale Konkurrenz
- Wachsen staatlicher Reglementierungen und Kontrollen
- Verknappung natürlicher Ressourcen
- ökologische Bedrohung der Erde
- massiver demografischer Wandel
- Veränderungen gesellschaftlicher Werte

Die Annahme, Wissen verfalle mit einer messbaren *Halbwertzeit*, reflektiert Wolff kritisch. Der Begriff *Halbwertzeit* sei eine Analogie zu radioaktiven Zerfallprozessen unter der Annahme, „dass die Zeitspanne, bis zu der Wissen nicht mehr gültig oder überholt ist, immer kürzer wird, also eine fallende Halbwertzeit unterstellt,

---

36 Eigene Darstellung nach Jaspers 2008, S. 2, mit Bezug zu Schüppel 1997, S. 78.
37 Vgl. Rosenstiel 2009, S. 1, Darstellung als Liste nicht im Original.

was bereits einen Bruch der Ausgangsmetapher darstellt."[38] Er begründet diesen Bruch damit, dass Halbwertzeiten zwar in Abhängigkeit vom zerfallenden radioaktiven Material variieren, aber ansonsten einen konstanten Wert darstellen und zwar jenen, der anzeigt, wann die Hälfte der Atome eines radioaktiven Stoffes zerfällt. Wolff kritisiert damit Zuschreibungen, wie eine *ständig sinkende* Halbwertzeit.

Auch wenn der Begriff Halbwertzeit demnach für die als exponentiell angenommenen Verfallsfunktionen des Wissens (siehe Abbildung 5) definitorisch nicht sauber nutzbar ist, so ist er doch im allgemeinen Sprachgebrauch durchaus fest verankert. Dieser Logik folgend stellt Sauter für die Gestaltung von Weiterbildung fest: „Die wesentliche Anforderung an ein bedarfsgerechtes, betriebliches Qualifizierungssystem ist die Vermittlung der Kompetenz, Probleme im Arbeitsleben zu lösen. Dagegen verliert die reine Vermittlung von Inhalten aufgrund ihrer sinkenden Halbwertzeit sowie der zunehmenden Verfügbarkeit des Wissens an Bedeutung."[39]

Der Wandel hin zur Wissensgesellschaft macht deutlich, dass das Wissen in den Köpfen der Mitarbeiter zur zentralen Produktionsressource und damit zur wichtigsten Kapitalanlage eines Unternehmens wird. Betrachtet man den Ursprung des Wortes Kapital vom lateinischen Wort *caput*, was auf Deutsch Haupt oder Kopf bedeutet, wird diese Verbindung auch etymologisch deutlich.

Den Bedeutungszuwachs des *Humankapitals*[40] und damit die Anforderung das *Wissen und Können*[41] auf dem aktuellen Stand zu halten, fasst das Bundesministerium für Bildung und Forschung in einem Satz zusammen und fordert Lebenslanges Lernen: „Immer kürzere Innovationszyklen, neue technische Entwicklungen und eine stärkere Globalisierung der Märkte erfordern, dass die Erwachsenen jeden Alters sich lebensbegleitend weiterbilden und die Anforderungen einer sich rasch entwickelnden Berufs- und Lebenswelt bewältigen."[42] Dieser Satz lässt sich sowohl aus Unternehmensperspektive, als auch aus der der Angestellten lesen. Er zeigt die Notwendigkeit für Unternehmen ihre Mitarbeiter und Mitarbeiterinnen weiter zu qualifizieren, appelliert aber genauso an die Erwachsenen jeden Alters sich aus eigenem Antrieb weiter zu bilden.

Gibt es also neben dem äußeren Zwang (vgl. hierzu auch die Ergebnisse in Kapitel 9) auch ein inneres Bedürfnis nach Lernen? Warum lernen wir Menschen? Und wie lernen wir? Diese Fragen sollen im nachfolgenden Kapitel genauer betrachtet werden.

---

38 Wolff 2008, S. 210–211.
39 Sauter 2005, S. 132.
40 Vgl. Schultz 1963 und Becker 1993 sowie Drucker 1993, S. 66. Weitere Auseinandersetzung mit der Ressource Mensch bei Picot, Reichwald und Wigand 2003, S. 472–477.
41 Zu den Begriffen *Wissen* und *Können* siehe BMBF 2011a.
42 BMBF 2015c, S. 108.

4. Lernen und Lerntheorien

In den folgenden Abschnitten wird nicht nur der Frage nachgegangen, warum Menschen lernen, sondern auch wie sie lernen. Dazu werden verschiedene theoretische Ansätze der Wirtschaftswissenschaften, der Psychologie und der Pädagogik kurz skizziert.

Lernen – ein Bedürfnis?

Auch wenn Maslows *Need Hierarchy Theory* (Theorie der Bedürfnishierarchie, 1943) nicht hinreichend durch empirische Befunde gestützt wird[43] und daher insbesondere im Bereich der Organisationspsychologie kritisiert wird, bietet die von ihm vorgeschlagene Kategorisierung von Bedürfnissen einen pragmatischen Weg, um zu veranschaulichen warum Menschen lernen.

Maslow strukturiert die menschlichen Bedürfnisse in Form einer Pyramide (physiologische Bedürfnisse, Sicherheitsbedürfnisse, soziale Bedürfnisse, Individualbedürfnisse und das Bedürfnis nach Selbstverwirklichung). Er zeigt damit nicht nur Motive für menschliches Handeln auf, sondern leitet daraus auch das Handeln der Individuen ab. Er geht also der Frage nach, was Menschen zum Handeln motiviert. Übertragen auf die Frage, was Menschen zum Lernen bringt, ist die Strukturierung nach Maslow daher interessant.

Geprägt ist seine Theorie allerdings von einer Sozialisation, die auf Individualisierung und dem Bedürfnis nach Selbstverwirklichung als (erstrebenswerte) Spitze der Pyramide ausgeht. Dies ist bei den folgenden Ausführungen zu berücksichtigen. Mag Maslows Beschreibung also zur Veranschaulichung von Lernbedürfnissen in westlich geprägten Gesellschaften noch dienlich sein, so macht die kulturelle Prägung der Bedürfnispyramide gleichzeitig eine Übertragung schwierig.[44] Soziale Bedürfnisse sind in kollektiv geprägten Gesellschaften den physiologischen Bedürfnissen nicht zwangsweise – wie bei Maslow – nachgeordnet, vielmehr bietet der Zusammenhalt in der Gruppe erst die Möglichkeit Nahrung und Sicherheit zu erlangen.

Interessant ist zudem folgender Aspekt der *Need Hierarchy Theory*. Obgleich grundlegende Bedürfnisse (*basic needs*) zunächst abgesichert sein müssen, bevor – zum Zwecke der Selbstverwirklichung – Wissensdurst und der Wunsch

---

43 Vgl. Wahba und Bridwell 1976, Tay und Diener 2011.
44 Bspw. im Rahmen von Vorhaben zum Einsatz individuell gesteuerter, digitaler Lehre in der Entwicklungszusammenarbeit.

etwas Neues und Unbekanntes zu verstehen (*desires*) tangiert würden – wie es bspw. bei forschenden Wissenschaftlern der Fall wäre –, sind beide doch eng miteinander verwoben: „We must guard ourselves against the too easy tendency to separate these desires from the basic needs […], i.e., to make a sharp dichotomy between ‚cognitive' and ‚conative' needs. The desire to know and to understand are themselves conative, i.e., have a striving character, and are as much personality needs as the ‚basic needs' we have already discussed."[45]

Für Maslow gibt es bestimmte Bedingungen (*conditions*), die unmittelbar als Voraussetzung zur Befriedigung der physiologischen Bedürfnisse dienen. Hierzu gehört beispielsweise die Freiheit zu sprechen, zu forschen und Informationen zu suchen. Sind sie in Gefahr, sei dies gleichzusetzen mit einer existentiellen Bedrohung. Die *conditions* werden daher energisch gegen An- und Eingriffe verteidigt, da sonst eine Bedürfnisbefriedigung nahezu unmöglich oder zumindest stark in Gefahr wäre.[46]

Wenn also Informationssuche, -verarbeitung und -weitergabe wichtig für die Existenzsicherung sind, wird deutlich, warum Menschen nach Wissen streben: Menschen lernen und bilden sich demnach weiter, um eine Grundsicherheit in der Welt zu erreichen. Ist diese Grundsicherung erreicht, geschieht Lernen auch zum Zwecke der Selbstverwirklichung.[47]

Weitere Begründungen für die Motivation zu lernen, finden sich in der *Goal Setting Theory* (Zielsetzungstheorie, 1990) von Locke und Latham und der *Expectancy Theory* (Erwartungstheorie, 1964) von Vroom, die im Folgenden kurz skizziert werden sollen.

Zielsetzungstheorie

Locke und Latham formulierten 1990 die *Goal Setting Theory* auf Basis einer Metaanalyse von Studien zur *performance* (Leistung) von Personen in Abhängigkeit von ihren Zielen. Die als *ability* bezeichnete Fähigkeit einer Person etwas tun zu können (oder kurz: das *Können* einer Person) wird von den Autoren als eine Einflussgröße (Moderatorvariable) für ihr theoretisches Konstrukt beschrieben. Demnach hängt vom Können einer Person zum einen die Zielauswahl ab, zum anderen, wie groß der positive Effekt der Zielsetzung (niedrig/ hoch) auf die Zielerreichung ist: „Ability affects the choice of goal because people cannot perform in accordance with a goal when they lack the knowledge and skill to obtain that level

---

45 Maslow 1943, S. 385.
46 Vgl. Maslow 1943, S. 383.
47 Vgl. Maslow 1943, S. 384.

of performance. [...] Moreover, goal setting was shown to have a greater positive effect on the performance of people with high as opposed to low ability."[48] Interessant im Zusammenhang mit Lerntheorien ist die Zielsetzungstheorie insofern, da die Ausprägung der Zielsetzung u. a. vom Können (*ability*) und das Können wiederum abhängig vom Wissen (*knowledge*) ist, wie das Zitat verdeutlicht (vgl. Abbildung 6).

Abbildung 6: Zielsetzungstheorie[49]

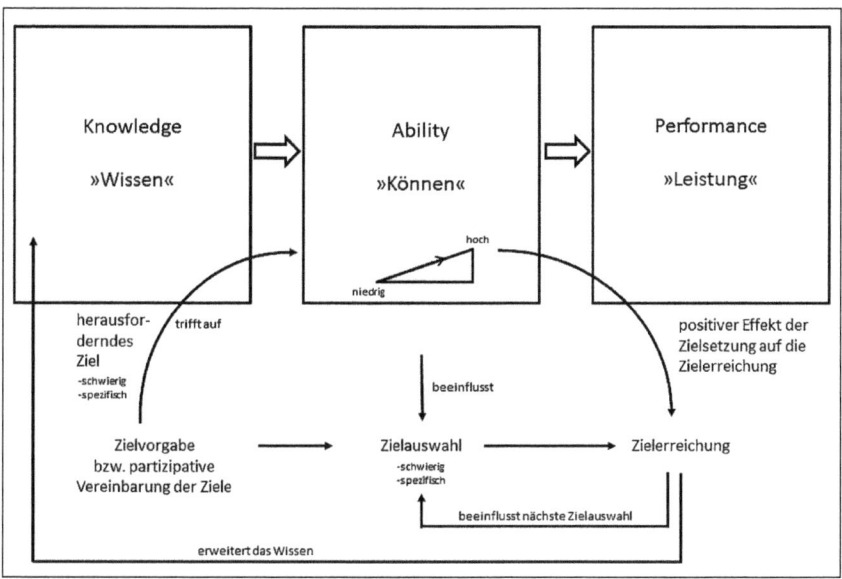

Lebenslanges Lernen ist demnach ein Weg zu höherer Leistung *(performance)*, da durch Lernen das Wissen und Können verbessert und damit das Zielsetzungsniveau erhöht werden kann. Weitere Moderatorvariablen der Zielsetzungstheorie sind: Feedback zur *performance* und zur Zielerreichung sowie die Verbindlichkeit des Ziels. Darüber hinaus sind auch die Komplexität der Aufgabe, situative Beschränkungen (wie bspw. Verfügbarkeit von Informationen, Materialien etc.) sowie die Persönlichkeit selbst Moderatorvariablen für die *performance*. Schlussendlich beeinflusst auch die Bewertung eines vorgegebenen Ziels durch die Person selbst die Zielerreichung (d. h. wird das Ziel subjektiv als attraktiv bewertet, macht

---

48 Vgl. Latham und Locke 2013, S. 6–7.
49 Eigene Darstellung nach Latham und Locke 2013, S. 3–15.

es Sinn dafür zu lernen und zu arbeiten).[50] Im Zusammenhang dieser Bewertung steht auch Vrooms Erwartungstheorie.

Erwartungstheorie

Vroom definiert *Erwartung* als den momentanen Glauben an die Wahrscheinlichkeit, dass auf ein bestimmtes Ereignis ein entsprechendes Ergebnis folgt.[51] Neben die Erwartung stellt er die *Valenz*, mit der er die antizipierte, durch Emotionen bestimmte Zufriedenheit mit den erwarteten Ergebnissen bezeichnet. Die Valenz ist nicht zu verwechseln mit dem tatsächlichen Wert, den die Ergebnisse nach Eintritt haben. Der *Wert* (*value*) bezeichnet den tatsächlichen Wert der Ergebnisse für die Person, die Valenz (*valence*) den erwarteten Wert der Ergebnisse.[52]

Als Produkt aus *Erwartung* und *Valenz* führt er den Begriff der motivierenden Kraft (*force*) ein: „On the assumption that choices made by people are subjectively rational, we would predict the strength of force to be a monotonically increasing function of the product of valences and expectancies."[53] Die motivierende Kraft (*force*) steigt also bei höherer Erwartung und größerer Valenz. Übertragen auf die Motivation zum Lebenslangen Lernen sind die Erwartung, dass bestimmte Ergebnisse eintreten (bspw. ‚In 2 Jahren habe ich berufsbegleitend einen guten Masterabschluss gemacht'), und die emotionale Orientierung gegenüber den Ergebnissen (‚Den Master mache ich für mich, das bringt mich weiter.') somit die wesentlichen motivierenden Kräfte.

Während Erwartungstheorie, Zielsetzungstheorie und die Bedürfnishierarchie anschaulich darstellen, *warum* Menschen lernen, zeigen etablierte Lerntheorien – wie Neo-Behaviorismus, Kognitivismus, Konstruktivismus aber auch neue Ideen, wie der Konnektivismus – Ansätze, *wie* Menschen lernen. Diese sollen im Folgenden kurz skizziert und voneinander abgegrenzt werden.

Behaviorismus

Erste – mittlerweile deutlich weiterentwickelte und überarbeitete – Ansätze zur Frage, wie gelernt wird, werden unter dem theoretischen Ansatz des Behaviorismus zusammengefasst. Dieser wird zumeist mit den Stimulus- und Response-Studien (S – R) des amerikanischen Psychologen B. F. Skinner (1938)

---

50 Vgl. Latham und Locke 2013, S. 7–9.
51 Vgl. Vroom 1995, S. 20–21.
52 Vgl. Vroom 1995, S. 18.
53 Vroom 1995, S. 21.

in Verbindung gebracht.[54] Man spricht beim Stimulus-Response-Modell auch von einem Black-Box-Modell, da die Vorgänge im Lebewesen selbst nicht untersucht werden, sondern nur Input und Output betrachtet werden.[55]

Skinner untersuchte den Lerneffekt von Tieren auf externe Reize und belohnte oder bestrafte die Verhaltensreaktionen der Tiere. Beides wird als Verstärker bezeichnet. Ein Verstärker ist also „ein Ereignis (Stimulus), das auf eine Reaktion erfolgt und die Wahrscheinlichkeit seines Vorkommens erhöht."[56] Skinner zeigt auf, dass ein gewünschtes Antwortverhalten so erlernt werden kann. Übertragen auf das Lernverhalten des Menschen stellt Pervin fest: „Nahrung, Geld oder Lob als positive Verstärker haben dabei einen längeren Effekt, als aversive Stimuli (wie bspw. Strafe), die die Wahrscheinlichkeit, dass eine bestimmte Reaktion wieder auftritt, nur temporär verringern."[57] Manche Stimuli „wie zum Beispiel Geld, werden zu allgemeinen Verstärkern, weil sie den Zugang zu vielen anderen Arten von Verstärkern ermöglichen. […]. Die Suche nach einem Verstärker kann sich als Versuch- und Irrtum-Operation herausstellen. Man probiert Reize so lange aus, bis man einen Stimulus findet, der schließlich die Wahrscheinlichkeit einer bestimmten Reaktion zuverlässig erhöhen kann."[58] Das von Skinner eingesetzte Verfahren wird auch als *operantes Konditionieren* bezeichnet.

Gegenüber der *klassischen Konditionierung*, wie im Falle des Pawlowschen Hundes[59], hängt beim operanten Konditionieren die gelernte Reaktion nicht vom auslösenden Reiz ab, sondern von den Auswirkungen der Reaktion. Erhält eine lernende Person eine positive Rückmeldung auf den Lernstimulus, würde das gewünschte Verhalten erlernt. Diese Form der operanten Konditionierung wird bspw. noch bei Vokabeltrainern verwendet, ist ansonsten aber im Kontext des Lebenslangen Lernens als zugrundeliegende Lerntheorie nicht anzutreffen. Grundaussage des Behaviorismus ist also, dass Lernprozesse durch Lob und Tadel beeinflusst werden und so erwünschte Verhaltensweisen durch Anerkennung, Aufmerksamkeit oder Belohnung verstärkt und nicht erwünschte Verhaltensweisen bspw. durch Nichtbeachtung sanktioniert werden.[60]

---

54 Skinner, B. F. 1991, erste Ausgabe von 1938.
55 Vgl. Rey 2009, S. 32.
56 Pervin 1993, S. 368.
57 Pervin 1993, S. 370.
58 Pervin 1993, S. 368.
59 Pavlov 1928.
60 Vgl. Höbarth 2013, S. 17.

Neo-Behaviorismus

Von Hull wurde das S–R-Modell im Jahr 1943 um den Organismus (O) erweitert (S – O – R).[61] Diese als Neo-Behaviorismus bezeichnete Fortschreibung der behavioristischen Ansätze von Pawlow und Skinner bezieht das Lebewesen, das durch einen Stimulus zu einer Reaktion bewegt wird, mit in das Modell ein. Begründet wird diese Erweiterung damit, dass nicht jedes Individuum auf den gleichen Reiz die identische Reaktion zeigt, das Ergebnis also von mehr als nur dem Stimulus abhängen muss (vgl. Abbildung 7).

Mit dem Organismus ist diese zweite reaktionsbestimmende Komponente zum Modell hinzugekommen. Drei wesentliche Einflussgrößen innerhalb des Organismus werden als maßgeblich für die Reaktion benannt:[62] *structure* – die Struktur des Lebewesens (d.h. permanente Charakteristika), *state* – seine derzeitige Verfassung und *activity* – die gerade ausgeführte Tätigkeit.

Abbildung 7: Die Einflussgrößen Struktur, Verfassung und Tätigkeit im S-O-R-Modell[63]

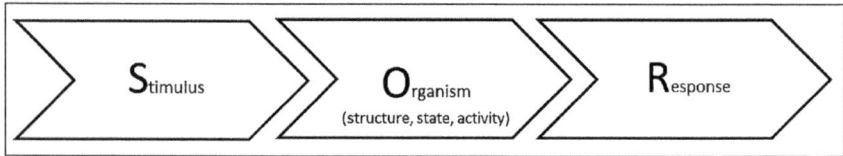

Übertragen auf Lernsituationen beeinflussen demnach vier Größen das Ergebnis: Struktur, Verfassung und Tätigkeit des lernenden Organismus O sowie der Stimulus S, der bspw. durch den Lehrenden gegeben wird. So versucht diese Erweiterung des behavioristischen S – R Modells für den Unterricht zu erklären, warum das erzielte Lernergebnis bspw. in einem Seminar mit fünfzehn Studierenden bei gleichem Input und gleichen Aktivitäten sehr unterschiedliche Outcomes hervorbringt. Die Begründung dafür liegt im Organismus.

Den folgenden Lerntheorien Kognitivismus, Konstruktivismus und dem Ansatz des Konnektivismus geht es darum, den lernenden Menschen selbst noch besser zu verstehen.

---

61 Hull 1943.
62 Woodworth und Marquis 2014, S. 205–207.
63 Eigene Darstellung.

Kognitivismus

Die Lerntheorie des Kognitivismus ergänzt den Stimulus-Response-Ansatz des Behaviorismus um die kognitiven Prozesse, die zwischen Stimulus und Antwort innerhalb des Organismus ablaufen. Das Lebewesen ist in kognitivistischer Sichtweise also eine selbstständige Instanz, die nicht von außen gesteuert wird, sondern selbst bestimmt. Kognitionspsychologen interessiert daher der Erwerb von Wissen als Informationsverarbeitungsprozess im Organismus: „In cognitive psychology, learning is understood as the acquisition of knowledge: the learner is an information-processor who absorbs information, undertakes cognitive operations on it, and stocks it in memory. Therefore, its preferred methods of instruction are lecturing and reading textbooks; and, at its most extreme, the learner is a passive recipient of knowledge by the teacher."[64] Der Kognitivismus geht davon aus, dass Lehrende, die mehr wissen und können, benötigt werden, um den Lernenden zu unterstützen. Dies gilt sowohl in fachlicher als auch in überfachlicher Art und Weise. Fachlich bezieht sich dabei auf das entsprechende Wissensgebiet, überfachlich bezieht sich dabei auf die Gestaltung der gesamten Lernsituation für den Lernenden.[65] Am Kognitivismus wird kritisiert, dass soziale Aspekte des Lernens und Emotionen nicht hinreichend in dieser Lerntheorie abgebildet sind und nicht genau erklärt wird, wie Kompetenzen beim Lernenden aufgebaut werden.[66]

Konstruktivismus

Die Grundidee des Konstruktivismus ist, dass Wissen nicht vermittelt wird, sondern dass Lernende selbst in den Fokus des Lernens rücken und sich ihren Lernprozess bedürfnisgerecht, individuell und aktiv gestalten.[67] Die UNESCO fasst entsprechend zusammen: „Constructivism emerged in the 1970s and 1980s, giving rise to the idea that learners are not passive recipients of information, but that they actively construct their knowledge in interaction with the environment and through the reorganization of their mental structures."[68] Der Lernende konstruiert sich sein Wissen demnach aktiv selbst. Es wird ihm nicht wie ein Gegenstand übertragen. „Wissen entsteht aus konstruktivistischer Sicht in der Verknüpfung von (je eigenen) vergangenen mit aktuellen Erfahrungen.

---

64 UNESCO 2010.
65 Vgl. Huber 2005, S. 203.
66 Vgl. Gerrig und Zimbardo 2008, S. 530–531 sowie Rey 2009, S. 33.
67 Vgl. Calmbach 2012, S. 50.
68 UNESCO 2010.

Es wird demnach auf Grundlage von Erfahrungen aufgebaut [...]. Die neuen Erfahrungen müssen jedoch anschlussfähig sein an vergangene Erfahrungen und vorhandenen Wissensstrukturen, um operative Schemata des Wissens bzw. kognitive Strukturen zu erzeugen."[69] Der Ansatz des Konstruktivismus steht so der traditionellen Sicht des Kognitivismus, der Subjekt und Objekt bzw. Wissender und Wissen trennt, gegenüber. Der Lernende wird im Konstruktivismus zum aktiven Subjekt.

Konnektivismus – (k)eine Lerntheorie?

Als Ursprung des konnektivistischen Ansatzes gilt der Aufsatz *Connectivism. A Learning Theory for the Digital Age* von Siemens aus dem Jahr 2005.[70] Er versteht Lernen als ein Prozess, der in undurchsichtigen Umgebungen (engl. *nebulous environments*) stattfindet und deren konstituierenden Elemente nicht komplett vom einzelnen Lerner kontrolliert werden können. Lernen wird daher von Siemens als umsetzbares Wissen (engl. *actionable knowledge*) definiert, das auch außerhalb des Lernenden, also bspw. in einer Organisation oder Datenbank, liegen kann. Dies ist eine Sichtweise, die der in Kapitel 3 gegebenen Wissensdefinition von Probst und Kollegen, die Wissen personengebunden definieren, diametral gegenübersteht. Lernen bedeutet Siemens folgend, Aufmerksamkeit auf das Verbinden und Zusammenstellen von spezialisierten Informationen zu richten. Diese Verbindungen ermöglichen es perspektivisch immer mehr zu lernen und sind damit für Siemens relevanter als der aktuelle Wissensstand des Lernenden.[71] Der Konnektivismus geht davon aus, dass Wissen über ein Netzwerk von Knotenpunkten verteilt ist. Dem Soziologen Castell folgend werden Netzwerkknoten als Schnittpunkte von Kurven definiert: „Ein Netzwerk besteht aus mehreren untereinander verbundenen Knoten. Ein Knoten ist ein Punkt, an dem eine Kurve sich mit sich selbst schneidet. Was ein Knoten konkret ist, hängt von der Art von konkreten Netzwerken ab, von denen wir sprechen."[72] Übertragen auf den Netzwerkgedanken des Konnektivismus werden Wissenseinheiten als Knotenpunkte (engl. *nodes*) bezeichnet, die durch Verbindungen (engl. *ties*) miteinander verknüpft sind. Wenn Wissen auch außerhalb des Lernenden liegen kann, wird Lernen in Netzwerken zum sozialen Lernen. Die Netzwerktheorie des Soziologen Granovetter (1973) beschreibt, wie sich Wissen und

---

69 Tredop 2008, S. 106. Zur Vertiefung siehe auch die dort angegebene Literatur.
70 Vgl. Siemens 2005.
71 Vgl. Siemens 2005.
72 Castells 2001, S. 528.

Informationen verbreiten. Er unterscheidet starke und schwache Verbindungen (engl. *strong and weak ties*) und beschreibt die brückenbildende Funktion, die schwache Verbindungen in menschlichen Netzwerken haben.[73] Arbeiten zum Online-Lernen, wie *Connectivism and Connective Knowledge* des Kanadiers Downes, greifen diese Ideen auf und formulieren zentrale Prinzipien der Interaktion, Autonomie, Diversität und Offenheit sowie technische Lösungen für die Umsetzung der Vernetzung von Wissen in Lernumgebungen, die als soziale Netzwerke konzipiert sind.[74] Lernen besteht nach Downes aus der Fähigkeit solche Wissensnetzwerke zu konstruieren und sich in ihnen zu bewegen.[75] Dies hat Konsequenzen für die Gestaltung der Lernsituation: Der Lehrende wird nicht als Besitzer des Wissens gesehen, der dieses aufbereiten und vermitteln muss, sondern hat die Rolle eines Moderators, der die Lernenden anregt sich in ihrem Netzwerk mit dem Thema selbstständig auseinanderzusetzen. Die gefundenen und gewonnenen Erkenntnisse der Lernenden werden im Rahmen der gemeinsamen Wissenserschließung zentral gesammelt und gemeinsam diskutiert.[76] Dafür können Werkzeuge (engl. *tools*) wie bspw. webbasierte Diskussionsforen oder Etherpads[77] genutzt werden.

Kollaboratives (und online-unterstütztes) Arbeiten ist somit ein wesentliches Merkmal konnektivistischer Ansätze. Das Wissen ist im persönlichen Netzwerk und im Internet verfügbar und wird von den Lernenden aggregiert, kommentiert und durch den Lehrenden moderiert. Allerdings steht Siemens für die Bezeichnung Lern*theorie* auch in der Kritik, da eine theoretische Fundierung fehle. Verhagen schreibt „this is not a learning theory, but a pedagogical view on education with the apparent underlying philosophy that pupils from an early age need to create connections with the world beyond the school in order to develop the networking skills that will allow them to manage their knowledge effectively and efficiently in the information society. What knowledge the pupils need to have and what knowledge can remain distributed elsewhere or should be

---

73 Vgl. Granovetter 1973, S. 1360–1380.
74 Vgl. Downes 2012, S. 55–72.
75 Vgl. Downes 2012, S. 9.
76 Vgl. Pichler 2015, S. 57.
77 Ein Etherpad ist ein online verfügbarer Texteditor, der von mehreren Personen zeitgleich bearbeitet werden kann. Ebenfalls möglich ist bspw. eine Kennzeichnung der zu einem Thema gefundenen Ergebnisse über einen Hashtag. Hashtags werden zur Verschlagwortung genutzt, indem sie dem Schlagwort das Raute-Symbol # (engl. hash) voranstellen und das Schlagwort damit für die Schlagwortsuchfunktion kennzeichnen (bspw. bekannt durch den Kurznachrichtendienst Twitter).

developed elsewhere is an issue, which the pupils themselves have an active voice in."[78] Auch Reinmann stellt fest: „Der lerntheoretische Status des Konnektivismus kann allerdings bezweifelt werden; eine wissenschaftstheoretische Einordnung als Paradigma analog zu den drei großen Lerntheorien erscheint kaum möglich."[79]

Zusammenfassung

Während in den vorangegangenen Kapiteln 2 und 3 zunächst dargestellt wurde, warum es eine Notwendigkeit für das Lebenslange Lernen gibt (Megatrends in der Arbeitswelt, externe Faktoren, Halbwertzeit des Wissens), wurde in Kapitel 4 das *Warum?* und das *Wie?* des Lebenslangen Lernens genauer betrachtet.

Die verschiedenen theoretischen Modelle haben verdeutlicht, dass die Motivation zu lernen nicht nur auf die zweckmäßige Bedürfnisbefriedigung zurückzuführen ist, sondern auch auf individuelle Zielsetzungen. Mit Anreizen, erreichten Erfolgen (und auch Niederlagen) sowie ihren Auswirkungen auf weitere Lernziele lässt sich der Zielsetzungstheorie folgend die Motivation für kontinuierliches, lebenslanges Lernen begründen. Zudem beeinflusst die Valenz, also der erwartete Wert, den der Lernende einem zu erreichenden Lernergebnis zumisst, der Erwartungstheorie folgend das Lernverhalten.

Betrachtet man die Art des Lernens so hat sich die Sichtweise auf Lernende, Lehrende und Lernumgebungen im Laufe der Zeit vom Behaviorismus über den Neo-Behaviorismus, den Kognitivismus hin zum Konstruktivismus gewandelt. Neue Ideen in einer digitalisierten Bildungswelt, wie der Konnektivismus, werden kritisch diskutiert. Aufbauend auf diesem theoretischen Hintergrund sollen im Folgenden verschiedene in der Online-Weiterbildung eingesetzte Formen und Formate kurz skizziert und voneinander abgegrenzt werden, bevor im darauffolgenden Kapitel auf Bildung und Weiterbildung im Tourismus eingegangen wird.

---

78 Verhagen 2006, S. 1.
79 Reinmann 2015, S. 150.

5. Online-Weiterbildung

5.1 Abgrenzungen der Begriffe E-Learning, Blended Learning, MOOC und SPOC

Neben klassischen Formen der Weiterbildung in Präsenz, wie Seminaren, Workshops oder *in house* Schulungen, die hier nicht weiter betrachtet werden sollen, ergeben sich durch das Internet neue Formen und Gestaltungsoptionen für die Weiterbildung. Schulmeister nennt Applikationen wie Wikis, Weblogs und Communities, die das Lesemedium Internet in ein interaktives Kommunikationsmittel und ein für kooperative Produktionen geeignetes Instrument transformiert haben.[80] Er resümiert: „Ganz neue Möglichkeiten für selbstorganisiertes und proaktives Lernen scheinen zu entstehen."[81] Im Folgenden werden die im weiteren Verlauf dieses Buches verwendeten Begriffe *E-Learning, Blended Learning, MOOC* und *SPOC* kurz erläutert, bevor das nachfolgende Kapitel auf Aus-, Fort-, und Weiterbildung speziell im Tourismus eingeht.

E-Learning

Rey definiert E-Learning (engl. *electronic learning*) als „das Lehren und Lernen mittels verschiedener elektronischer Medien"[82] und schließt so viele synonym verwendete Begriffe, wie computerbasiertes Training, computergestütztes Lernen oder Online-Lernen, mit ein. Auch Sesink versteht unter dem Begriff alle Lernformen, „die digitale Medien für die Präsentation und Verteilung von Lernmaterialien und/oder zur Unterstützung der Kommunikation in Lehr-Lernprozessen nutzen. [...] E-Learning versteht sich als Oberbegriff und bezieht sich auf Lernszenarien, die Computer- oder Internetnutzung einschließen."[83] Das Internet sowie neue Informations- und Kommunikationstechnologie wird auch von Garrison[84] sowie Clark und Mayer[85] als zentraler Bestandteil von E-Learning genannt. Euler und Seufert unterscheiden dabei zwei Komponenten des E-Learnings. Zum einen gibt es die ‚klassischen' Varianten von Lehrsoftware, wie Tutorials, Drill-and-Practice-

---

80 Vgl. Schulmeister 2009, S. 318.
81 Schulmeister 2009, S. 318.
82 Rey 2009, S. 15.
83 Sesink 2010, S. 60–61.
84 Vgl. Garrison 2011, S. 2–3.
85 Vgl. Clark und Mayer 2011, S. 8–9.

Programmen sowie Simulationen. Zum anderen nennt er E-Kommunikation in virtuellen Klassenzimmern, die eine Zusammenarbeit und Diskussion über räumliche Distanzen hinweg ermöglicht.[86]

Ehlers merkt an, dass der Begriff E-Learning an sich ein Paradoxon darstelle, da der Prozess des Lernens nicht elektronisch sei, sondern nur die ermöglichende Technologie und die Auslieferung der Lerninhalte zum Lernenden. Er nennt den Begriff E-Teaching als Alternative, der den Fokus auf die elektronische Vermittlung der Lerninhalte setzt.[87] Die Betonung auf Vermittlung steht allerdings einer lernerzentrierten Kompetenz- und Ergebnisorientierung genauso gegenüber, wie den in Kapitel 4 skizzierten, aktuellen, konnektivistischen Ideen.

Andere Autoren, wie Zemsky und Massy[88] und ihnen folgend auch Bullen und Janes[89] teilen den Begriff E-Learning darüber hinaus in drei Kategorien bzw. Marktsegmente auf, die mit E-Learning referenziert werden: E-Learning als Fernunterricht, der vornehmlich online stattfindet (nach Bullen und Janes ist dies das gebräuchlichste Verständnis des Begriffs), E-Learning als jegliche Art des technologieunterstützten Lernens, wie bspw. Websites oder E-Books, sowie E-Learning als transaktionserleichternde Software, wie es bspw. die Lernplattformen Moodle, Blackboard oder Ilias sind (vgl. Abbildung 8).

Abbildung 8: E-Learning-Kategorisierung[90]

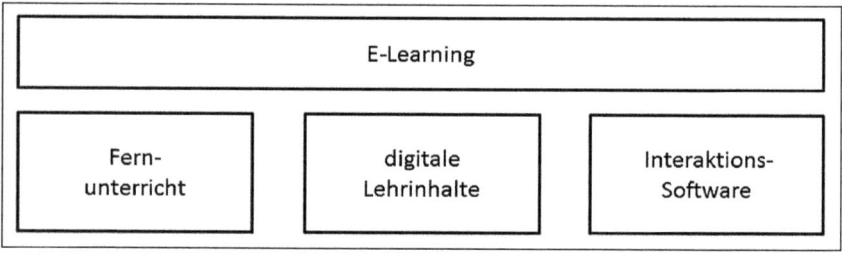

Ein Zugriff auf diese virtuellen Lernplattformen geschieht über das Internet, welches so das Lernen aus der Distanz (engl. *distance learning*) ermöglicht. Was müssen diese Plattformen leisten können? Kerres und Kollegen beschreiben fünf Anforderungen an Lernplattformen (siehe Abbildung 9).

---

86 Vgl. Euler und Seufert 2005, S. 4–5.
87 Vgl. Ehlers 2004, S. 34.
88 Vgl. Zemsky und Massy 2004, S. 5–6.
89 Vgl. Bullen und Janes 2007, S. viii–ix.
90 Eigene Darstellung nach Bullen und Janes 2007, S. viii–ix.

Abbildung 9: Anforderungen an Distance Learning Lernplattformen[91]

1. Sie müssen die Rollen und Rechte der lehrenden und lernenden Personen im Lernmanagementsystem (LMS) abbilden.
2. Sie müssen die Aktivitäten der Akteure organisieren, d.h. dem Lernenden einen Überblick geben, was er schon erledigt hat, an welcher Stelle bspw. noch Feedback des Lehrenden aussteht, welche Aktivitäten als nächstes geplant sind oder auch wie er sich zur Prüfung anmeldet.
3. Sie müssen Lernmaterialien verknüpfen, so dass diese bspw. auch in anderen Kursen genutzt werden können.
4. Sie müssen Meta-Informationen für das Lernen bereitstellen, dazu gehören organisatorische Informationen wie Zeit, Raum von (Web-)Präsenzen etc. aber auch didaktische Informationen zu Lernergebnissen von einzelnen Lerneinheiten oder gesamten Modulen.
5. Sie müssen Lernprozesse und -ergebnisse dokumentieren. Durch die Dokumentation von Diskussionen in Foren oder Chats, in Weblogs und Peer-

---

91 Eigene Darstellung nach Kerres et al. 2009, S. 105–112; Erstellung: Sarah Müsch.

Reviews werden der Lernprozess und dessen Ergebnisse festgehalten und sind im weiteren Lernprozess der Teilnehmenden verfügbar.[92]

Sauter hält E-Learningansätze insbesondere dann für wirksam, wenn sie konzeptuell in Lernarrangements eingebunden sind, die auch klassische Lernformen wie bspw. Workshops, Studienbriefe und Lernen im Team vorsehen.[93] Auf solche ‚gemischten‘ (engl. *blended*) Konzepte, die auch als *Blended Learning* bezeichnet werden, soll im Folgenden eingegangen werden.

Blended Learning

Nach Kerres verweist der „Begriff *Blended Learning* [...] auf die Kombination des mediengestützten Lernens mit *face-to-face* Elementen in Lernarrangements."[94] Er nimmt an, dass Motivation und Bindung der Lernenden stärker sind, wenn sie eingebunden in eine soziale Gruppe und betreut von einer Lehrperson mit multimedialen Lehrarrangements arbeiten, als wenn sie alleine an einem PC sitzen und nur mit diesem interagieren, wie es bei *computer-based trainings (CBT)* oder *web-based trainings (WBT)* im engeren Sinne der Fall wäre.[95] Daher fordert er die engere Verzahnung von E-Learning mit Präsenztrainings. Allerdings wäre nur eine Kombination dieser beiden Bestandteile alleine noch „kein didaktisches Konzept und kann nicht als eine hinreichende Beschreibung eines Lernarrangements gelten."[96] Auch Tiberius und Schönherr schlagen vor, dass über E-Learning Basiskenntnisse in einem Fachgebiet angeboten werden können und die Anwendung der erworbenen Kenntnisse in Seminaren trainiert wird, so dass ein integriertes Curriculum im Blended-Learning-Format entsteht.[97] Erpenbeck und Kollegen weisen allerdings darauf hin, dass „E-Learning-Umgebungen und Blended Learning Arrangements von den Lernern weitaus höhere Kompetenzen [verlangen], als dies in klassischen Lernumgebungen auch mit teilnehmerzentrierten Lernszenarien, der Fall ist."[98] Den Grund sieht er darin, dass es einen Gewöhnungseffekt bei der Steuerung von Lernprozessen gäbe. Seit der Kindheit sind Menschen

---

92 Vgl. Kerres et al. 2009, S. 105–112.
93 Vgl. Sauter 2005, S. 134.
94 Kerres 2012, S. 8.
95 Vgl. hierzu auch die Ergebnisse der Studie von Rettig und Warszta 2016, in der sich die Interaktion der Studierenden als Variable mit dem stärksten Einfluss auf die Studierendenzufriedenheit und -loyalität herausstellte.
96 Kerres 2012, S. 8.
97 Vgl. Zuber 2014, S. 177. In: Tiberius und Schönherr 2014.
98 Erpenbeck et al. 2015, S. 18.

gewohnt die Steuerung und Überwachung dieser Prozesse den Lehrenden zu überlassen. Im Blended-Learning-Format müssten die Teilnehmenden nun viele bisher durch die Lehrende übernommenen Funktionen und bis dato fremd gesteuerte Prozesse selbst gestalten.[99] Die Gestaltung eines didaktischen Konzepts ist also, wie eingangs von Kerres gefordert, zentral für die Beschreibung und die Gestaltung eines Blended Learning Arrangements.[100]

MOOC

Der Begriff MOOC ist ein Akronym für *massive open online course* und beschreibt einen rein webbasierten Bildungskurs, der vom Konzept her offen *(engl. open)*, d. h. kostenfrei, ohne Zulassungsbedingung und ohne Teilnehmerbegrenzung stattfindet. Das Wort *massive* (dt. massiv) weist dabei auf die sehr hohen Teilnehmerzahlen hin, die auf diese Rahmenbedingungen zurückzuführen sind.

In einer weiteren Spezifikation werden dabei cMOOC und xMOOC voneinander unterschieden (siehe Tabelle 1). Das *c* in cMOOC steht für *community* (dt. Gemeinschaft) bzw. *connectivism* (dt. Konnektivismus, vgl. Kapitel 4) und hebt das Merkmal des gemeinschaftsorientierten Lernens in diesem Kurs hervor. Dazu werden im Kursdesign Rahmenbedingungen für meist asynchrone Kommunikation geschaffen, wie bspw. Kommentarfunktionen oder Diskussionsforen. Das *x* in xMOOC steht für *extension* (dt. Erweiterung), und beschreibt einen stark vorstrukturierten bzw. instruktionsorientierten Kurs.[101] Kiendl-Wendner und Pauschenwein beschreiben den unterschiedlichen didaktischen Ansatz, der hinter diesen zwei Spezifikationen des MOOCs steht: „Sogenannte cMOOCs (connectivist MOOCs) basieren auf dem Modell des Konnektivismus mit seinen vier Prinzipien Autonomie, Diversität, Offenheit und Konnektivität/Interaktion [...], während xMOOCs einer eher konservativen Didaktik gehorchen, mit genauen Vorgaben, was wann und auf welche Weise zu lernen ist."[102] Die Anforderungen an den Lernenden sind in der Konsequenz dann unterschiedliche. In cMOOCs muss die Selbstkompetenz der Teilnehmenden im Umgang mit den Lerninhalten,

---

99 Vgl. Erpenbeck et al. 2015, S. 18.
100 Eine Arbeitshilfe stellt er am Ende seines Buches vor (Kerres 2012, S. 493–499). Ein Leitfaden für eine methodisch-didaktische Gestaltung von Online-Kursen sowie ein Leitfaden für die Betreuung von Online-Kursen wurden auch im Rahmen des Projekts LINAVO entwickelt und als Projektergebnis veröffentlicht (Kwast 2014a und Kwast 2014b).
101 Vgl. Arnold et al. 2015, S. 521.
102 Kiendl-Wendner und Pauschenwein 2015, S. 2.

dem Zeitmanagement und der Gestaltung des Lernprozesses wesentlich ausgeprägter sein, als beim xMOOC, der die im cMOOC charakteristische Autonomie des Lernenden durch eine vorgegebene Lernstruktur ersetzt.

Tabelle 1: Unterschiede MOOC (xMOOC, cMOOC) und SPOC[103]

	MOOC = Massive Open Online Course		SPOC = Small Private Online Course
generelle Merkmale	offen hohe Teilnehmerzahl kostenfrei		geschlossen kleine Gruppengröße gebührenpflichtig
Ausprägung	cMOOC c = connectivism / community	xMOOC x = extension	SPOC –
spezifische Merkmale	gemeinschaftsorientiert asynchrone Kommunikation (Foren, Kommentare) Peer reviews hohe Anforderungen an Selbstkompetenz und Zeitmanagement	instruktionsorientiert starke Vorstrukturierung von Zeit- und Ablaufplan	intensives und persönliches Zusammenspiel mit Dozenten und Kursteilnehmern

SPOC

Im Abstract zu seinem 2013 erschienenen Artikel *From MOOCs to SPOCs* führt Fox den Begriff des *small private online course* (SPOC) ein: „I am excited about the possibilities of MOOCs and other online education. In particular, if MOOCs are used as a supplement to classroom teaching rather than being viewed [as] a replacement for it, they can increase instructor leverage, student throughput, student mastery, and student engagement. I call this model the SPOC: small private online course."[104] Das Einbinden von MOOC-Elementen und die Betreuung durch einen Dozenten, der zudem die Interaktion zwischen den Teilnehmenden anregt und moderiert, bilden zusammen mit den Vorteilen von deutlich klei-

---

103 Eigene Darstellung.
104 Fox 2013, S. 38.

neren Gruppengrößen, vergleichbar mit einem Präsenzseminar, die zentralen Charakteristika von SPOCs. Über erste Experimente mit diesem Model an der University of California, Berkeley, sowie in Harvard und bei edX, einem Online-Zusammenschluss dieser (und weiterer) Universitäten mit dem Massachusetts Institute of Technology (MIT) aus Boston, wurde im Herbst 2013 beim BBC berichtet.[105] Interviewt wurde Robert A. Lue, Professor in Harvard und Dekan des *Derek Bok Center for Teaching and Learning at Harvard University*. Die Tragweite, die die Diskussion um MOOCs und SPOCs hat, wird in seiner Kernfrage deutlich: „What is it that a student gets out of being on campus and being in the classroom?"[106] Es geht bei der Digitalisierung der Lehre also nicht nur um das Onlinelernen selbst oder um die auf- und auszubauenden Medienkompetenzen der Teilnehmenden und Dozierenden in Online-Lernumgebungen. Es geht um die Frage, was ein Studierender in den Präsenzzeiten an der Hochschule an Mehrwert bekommt. Diese durch die MOOCs angestoßene Diskussion zur Digitalisierung der Lehre setzt sich auch im deutschsprachigen Raum fort. Zwei Jahre nach der BBC-Reportage (Ende 2013) und ein Jahr nach dem „MOOC-Hype" in Deutschland in 2014 ist auch in der deutschen Presse zu lesen: „Massiv gescheitert. Kostenlose Onlinekurse für Millionen – das galt einst als Zukunft der Universität. Doch die Abbrecherzahlen sind hoch. Nun machen ihnen Kurse für Kleingruppen Konkurrenz."[107] In welcher Form sich Geschäftsmodelle der gebührenpflichtigen, kleinen Online-Kurse mit Betreuung nachhaltig betreiben lassen, wird aktuell an einigen Standorten in Deutschland erprobt, wie bspw. an der Fachhochschule Westküste mit Zertifikatskursen aus den Bereichen Business Management und Tourismuswirtschaft sowie dem Online-Masterstudiengang Tourismusmanagement mit dem Abschluss Master of Arts. Das Ziel ist klar formuliert. SPOCs „ermöglichen Dozenten und Studenten ein intensives und persönliches Zusammenspiel – wie im guten, alten Seminar. Online und offline, und nicht mehr offen für jedermann."[108]

5.2 E-Learning in der Weiterbildung

Ob reine E-Learning-Formate, Blended-Learning-Szenarien, MOOCs oder SPOCs das geeignete Mittel für den spezifischen Weiterbildungsbedarf der Zielgruppe der Berufstätigen sind, bleibt also zu evaluieren. Die neuen Lernformen

---

105 Vgl. Coughlan 2013.
106 Coughlan 2013.
107 Brinck 2015.
108 Brinck 2015.

bieten aufgrund ihrer Flexibilisierung in jedem Fall Mehrwerte für Lehrende und Lernende. Bennet und Kollegen fassen diese zusammen: „E-Learning may provide the opportunity for learners to revisit and absorb key concepts in their own time and at their own pace, in a personalized way linked to their individual learning preferences and preparedness."[109] Piskurich nennt ganz konkrete Situationen in denen er einen Einsatz von E-Learning für zielführend betrachtet: Dieser sei sinnvoll, wenn

- es viele sich wiederholende Tätigkeiten gibt.
- sich die Umstände der Präsentation schwer wiederholen lassen.
- Visualisierung und eine längere Übungsphase wichtig sind.
- sich das Lernangebot über einen langen Zeitraum, bspw. über ein oder mehrere Semester, erstreckt.
- die Anzahl der Teilnehmenden groß ist und/oder
- die Teilnehmenden räumlich weit verteilt sind.
- die Leistungskontrolle und Bewertung der Teilnehmenden entscheidend ist, wie bspw. in einem Zertifizierungskontext oder in einem durch Prüfungsordnungen etc. reguliertem Umfeld.
- ein Vertrautmachen mit Gerätschaften, Apparaturen oder Ausrüstung wichtig ist, diese aber nicht verfügbar sind.[110]

Gerade die von Piskurich angesprochene mehrsemestrige Struktur von Studienprogrammen, die (welt-)weite Verteilung der Studierenden und die Notwendigkeit der multimedialen Visualisierung sprechen auch für den Einsatz von E-Learning in der akademischen Weiterbildung.

Mit Blick auf die Rahmenbedingungen für Bildungsorganisationen stellt auch Barthelmeß fest, dass der Anstoß zum E-Learning aus dem Hochschulbereich gekommen sei, bisher aber nur der Bereich der Fernstudiengänge davon profitieren konnte. Grund dafür sei, dass sowohl die Zeit- und Ortsunabhängigkeit, als auch die digital aufbereiteten Lehrinhalte, die sofortige Verteilbarkeit und die diversen Konfigurationsmöglichkeiten Mehrwerte für Fernstudiengänge schaffen.[111] Eine Digitalisierung der Präsenzlehre und der Weiterbildung ist der konsequente nächste Schritt. Auch Giannoulis plädiert für eine stärkere Nutzung von Multimedia in der beruflichen Orientierung sowie Aus- und Weiterbildung.[112]

---

109 Bennet et al. 2014, S. 156.
110 Vgl. Piskurich 2015, S. 198.
111 Vgl. Barthelmeß 2015, S. 28.
112 Vgl. Giannoulis 2014, S. 403.

Multimediale Inhalte werden sowohl auf PC oder Laptop angeschaut als auch auf mobilen Geräten (Smartphones, Tablets usw.). Auch wenn Smartphones so zur tragbaren Bibliothek/Videothek geworden sind, stellen Udell und Woodill in ihrer Publikation zum Mobile Learning fest: „Mobile Learning certainly is not a replacement for instructor-led learning or e-learning. Both still have their place. Furthermore, there may be many legitimate reasons for making most, if not all, of your e-learning content accessible on mobile devices."[113] Der Einsatz von Smartphones im Rahmen des Lernprozesses sollte dafür aber in den methodisch-didaktischen Modulkonzepten mit berücksichtigt werden (siehe Kapitel 5.1). Dafür bedarf es Kompetenzen bei den Lehrenden, nicht nur in der Anwendung der Technologien selbst, sondern auch bei der methodisch-didaktischen Entwicklung von E-Learning-Einheiten, die den Einsatz von Smartphones berücksichtigen. Eine Möglichkeit kann das von Handke vorgeschlagene Gestalten von Micro-Lerneinheiten sein. Ob sich ein Abschnitt zur digitalen Gestaltung eignet, ließe sich anhand zweier Kriterien schnell prüfen. Die Lerneinheit müsste ein hohes Standardisierungspotenzial ausweisen und durch multimediale Inhalte gut zu vermitteln sein.[114]

Für eine mittelschonende Umsetzung schlägt er zudem die Nutzung von *open educational resources* (OER) vor.[115] Diese freien Lernmaterialien reichen von Grafiken und Erklärvideos bis hin zu Software, die basierend auf freien Lizenzen, wie bspw. der Creative Commons Lizenz, verschiedene Formen der Nutzung erlauben. Eine gute Visualisierung der verschiedenen Lizenzmodelle und eine Entscheidungshilfe, welche Lizenz für das eigene Vorhaben richtig ist, bietet Muuß-Merholz in seinem Beitrag *Die CC-Lizenzen im Überblick* auf der Webseite des Deutschen Instituts für Erwachsenenbildung wb-web.de.[116]

E-Learning bietet nicht nur durch die Flexibilisierung von Raum und Zeit, sondern auch durch den Einsatz neuer methodisch-didaktischer Konzeptionen, der Nutzung multimedialer Elemente und der Verwendung von OER große Po-

---

113 Udell und Woodill 2015, S. 42.
114 Vgl. Handke 2016.
115 Mehr zum Thema OER auf der deutschsprachigen Seite der *Transferstelle für Open Educational Resources (2016)*, erreichbar unter http://open-educational-resources.de.
116 Grafik von Muuß-Merholz 2015 unter der Lizenz CC BY SA: Diese Lizenz erlaubt es Dritten, ein Werk zu verbreiten, zu remixen, zu verbessern und darauf aufzubauen, auch kommerziell, solange der Urheber des Originals genannt wird und die auf seinem Werk basierenden neuen Werke unter denselben Bedingungen veröffentlicht werden.

tenziale für die Weiterbildung. Leal Filho stellt aber fest: „But despite the potentials of e-learning, there are some problems which have been hindering progress. In particular, the fact, that not all teachers are familiar with the diversity of e-learning methods and tools, means that many good opportunities to widen its use are currently being missed."[117]

Neben der methodisch-didaktischen Weiterbildung von Lehrenden in diesem Segment sind im Feld des E-Learnings auch Konzepte aus der Informatik zu finden. So wird auch das *programmed learning* in aktueller Literatur vertreten: „From the pedagogy and didactic point of view, the electronic learning material should be designed so that it enables students to learn efficiently and independently without the direct presence and help of a teacher."[118] Demgegenüber spricht für eine Begleitung und Betreuung der Lernenden die Feststellung von Boys: „learning happens through students ‚talking back' what they have learned."[119] Für den Aufbau einer Beziehung zu den Lernenden plädieren auch Scruton, Ferguson und Wallace: „If we think about adult learners, many of whom have busy days and may well have their minds on other things such as work or family issues, they may not find it easy to switch off from these distractions when they enter the class."[120] Daher sei es so wichtig, eine Beziehung zu den Lernenden aufzubauen, da nur durch das Motivieren und Einbeziehen der Lernenden eine Fokussierung auf die Lerninhalte geschehen könne.

Gleichzeitig eröffnen sich im Zeitalter digitaler Transformationen große Potenziale für das informelle Lernen. Lernende haben Zugang zu großen Mengen an Informationen. Tummons und Powell stellen daher fest: „learning happens all of the time, irrespective of whether the context of that learning is *formal* or *informal*."[121] Lernen geschieht also auch im Austausch mit *peers*[122] außerhalb des Kontextes von Seminaren und Workshops (formales Lernen).[123] Dies kann in

---

117 Leal Filho 2015, S. 276.
118 Aberšek et al. 2014, S. 194.
119 Boys 2015, S. 163.
120 Scruton et al. 2014, S. 80.
121 Tummons und Powell 2014, S. 157.
122 Peers (engl. für Gleichgestellte/r) sind gleichberechtigte Personen, wie je nach Bezugspunkt bzw. Mitstudierende oder auch Fachkolleginnen und -kollegen.
123 Vgl. Tummons und Powell 2014, S. 157. Der Wunsch nach Wertschätzung von bereits informell erworbenen Kompetenzen macht deutlich, warum nicht nur die Anerkennung formal erworbenen Kompetenzen, sondern auch die Anrechnung von informell erworbenen Kompetenzen bspw. für den Hochschulzugang immer aktueller wird. Zur Vertiefung dieses Themenbereichs, siehe Rettig 2016.

virtuellen Lernräumen mit berücksichtigt werden, indem bspw. Aufgaben mit *peer review* – also einer Korrekturschleife durch die Gruppe – gestellt werden. Gerade für die personalintensive Tourismusindustrie ist der ressourcenschonende Einsatz von E-Learning interessant. Aber nicht nur im Bereich der Weiterbildung, sondern auch für die touristische Dienstleistung insgesamt ist die Verfügbarkeit von Informationen über mobile, internetfähige Geräte ein wichtiger Treiber der Entwicklung.[124] So verwundern heute die Ergebnisse einer schon 2003 veröffentlichten Studie der Justus-Liebig-Universität Gießen zur Zukunft der Aus- und Weiterbildung im Tourismussektor, die im Rahmen des Leonardo da Vinci Pilotprojektes *EU-EQT – Europäische Ergänzungsqualifizierung im Tourismusmanagement* in sieben europäischen Ländern[125] durchgeführt wurde, nicht. In der Studie wurden 230 Tourismuspraktiker (41 % davon aus der Geschäftsführung[126]) von Reiseveranstaltern, Reisemittlern, Tourist-Informationen, Hotels und kleineren Beherbergungsbetrieben u. a. zur Relevanz von E-Learning in der touristischen Aus- und Weiterbildung befragt: „Wenn die Befragten sich entscheiden müssen, ob neue Inhalte für die touristische Aus- und Weiterbildung ergänzend, vorrangig oder ausschließlich als E-Learning-Module angeboten werden sollen, dann neigen knapp die Hälfte der Befragten zu der Einschätzung, dass die neuen Inhalte ergänzend als E-Learning entwickelt und angeboten werden sollen. Knapp ein Drittel meint, es sei notwendig neue Inhalte vorrangig als E-Learning-Inhalte zu entwickeln. Knapp 20 % halten es sogar für sinnvoll neue Inhalte ausschließlich als E-Learning anzubieten."[127] Auch eine Studie aus dem gleichen zeitlichen Kontext zur zukunftsverträglichen Arbeits- und Unternehmensgestaltung in der Tourismuswirtschaft aus dem Jahr 2005 stellt E-Learning als Handlungsfeld für kleine und mittelständische Unternehmen der Touristikbranche vor. Das Potenzial von E-Learning wurde von den Branchenvertretern bereits Anfang des neuen Jahrtausends deutlich erkannt. Gleichzeitig wurde bemerkt: „Für die Bedürfnisse der Touristikbranche sind die Einbindung von Elementen des informellen Lernens von besonderer Bedeutung. Jedoch sind die bisherigen pädagogischen Konzepte und die Organisation der beruflichen Weiterbildung von begrenztem Wert."[128] An dieser Stelle setzt das Forschungs- und Entwicklungsprojekt LINAVO an, das neue didaktische Konzeptionen für

---

124 Vgl. Xiang und Tussyadiah 2014.
125 Die Länder waren Deutschland, Frankreich, Italien, Griechenland, Litauen, Österreich und Ungarn.
126 Vgl. Nickel und Michalik 2003, S. 22.
127 Nickel und Michalik 2003, S. 29.
128 Feil 2005, S. 163.

Online-Weiterbildung entwickelt und erprobt hat (siehe Infobox I). So wird in einer aktuellen Studie aus dem Jahr 2015 zu E-Learningaktivitäten an Hochschulen in Europa festgestellt: „new academic activities seem to be piloted in some faculties, or entrusted to individual teachers, rather than launched across the institution."[129]

Infobox I: Anwendung im Forschungs- und Entwicklungsprojekt LINAVO

Das im Vorwort skizzierte Projekt LINAVO im Fachbereich Wirtschaft der Fachhochschule Westküste ist ein Pilotprojekt in Schleswig-Holstein, in dem sowohl Forschungsfragen bearbeitet werden als auch ein akademisches Weiterbildungsangebot für berufstätige Touristiker an der Schnittstelle von Weiterbildung und E-Learning entwickelt, erprobt und anschließend eingeführt wurde.

Die Ergebnisse der Konkurrenzanalyse des Projekts zeigen, dass bundesweit eine Reihe von Bachelor- und Masterstudiengängen mit Schwerpunkt Tourismus angeboten wird. In der Datenbank *Hochschulkompass* der Hochschulrektorenkonferenz sind 35 tourismusorientierte Masterstudiengänge gelistet. Dabei gibt es Unterschiede sowohl bei der Anzahl der zu studierenden Semester sowie in der Gesamtanzahl der Credit Points. Der Großteil der Studiengänge ist auf eine Dauer von 4 Semestern auslegt; im Bereich des Vollzeitstudiums kann dieses teilweise auch in 3 Semestern absolviert werden. Insbesondere bei berufsbegleitenden Studiengängen ist eine längere Regelstudienzeit festzustellen. Die Anzahl der Credit Points beträgt meist 90 oder 120 ECTS-Punkte.

Berufsbegleitend werden im deutschsprachigen Raum tourismusmanagementorientierte Masterstudiengänge an zwölf Standorten angeboten, sechs davon sind private Anbieter (siehe Tabelle 2).

So steht im deutschsprachigen Raum ein berufsbegleitendes Angebot akademischer Weiterbildung im Tourismus zur Verfügung, das auch räumlich einigermaßen gut gestreut ist. Wird Weiterbildung aber auch von den Touristikern als entsprechend wichtig eingeschätzt, so dass Unternehmen die Weiterbildung ihrer Mitarbeiterinnen und Mitarbeiter fördern und diese bspw. auch finanziell unterstützen? In den Experteninterviews wird dieser Frage nachgegangen und es wird ermittelt, aus welchen Gründen sich Touristiker weiterbilden.

---

129 Sursock 2015, S. 74.
130 Siehe Stiftung zur Förderung der Hochschulrektorenkonferenz 2015, www.hochschulkompass.de.
131 Vgl. Karte in Rettig 2017, S. 109.

Tabelle 2: Berufsbegleitende, tourismusmanagementorientierte Masterstudiengänge[132]

Körperschaft des öffentlichen Rechts				
Name	**Stadt**	**Abschluss**	**Studiengang**	**Studienform**
Europa-Universität	Frankfurt (Oder)	Master of Arts	Kulturmanagement und Kulturtourismus	berufsbegleitend
Fachhochschule Westküste	Heide (Holstein)	Master of Arts	Tourismusmanagement	Onlinestudium
Fachhochschule Worms	Worms	Master of Business Administration	Business Travel Management	Onlinestudium
Hochschule Harz	Wernigerode, Halberstadt	Master of Business Administration	Strategisches Touristikmanagement	berufsbegleitend
Leuphana Universität	Lüneburg	Master of Arts	Management und Marketing, Schwerpunkt Tourismusmanagement	Präsenzstudium[133]
RheinAhrCampus (Kooperation der Hochschulen Koblenz und Worms)	Remagen	Master of Business Administration	Tourismusmanagement	Fernstudium
Private Anbieter				
Name	**Stadt**	**Abschluss**	**Studiengang**	**Studienform**
Angell Business School[134]	Freiburg	Master of Science	International Tourism Management	berufsbegleitend in Teilzeit, Vollzeitstudium in Kooperation mit der University of Brighton, England

---

132 Stand der Konkurrenzanalyse im Sommer 2013.
133 Unter gewissen Voraussetzungen lässt sich ein Teilzeitstudium beantragen, in dem nur die Hälfte der für ein Semester vorgesehenen Module belegt wird. Auf der Webseite befindet sich allerdings seit 2015 der Hinweis, dass der Schwerpunkt Tourismusmanagement voraussichtlich mit Pension des Lehrstuhlinhabers zum 31.3.2018 eingestellt wird. (Leuphana Universität Lüneburg 2016). – Zum Rückzug der Universitäten aus dem Ausbildungsfeld der Tourismuswirtschaft siehe auch Kapitel 6.
134 Die Angell Business School hat den Betrieb des Masters mittlerweile eingestellt.

Private Anbieter				
Name	**Stadt**	**Abschluss**	**Studiengang**	**Studienform**
DIPLOMA Private Hochschulgesellschaft mbH	Bad Sooden-Allendorf	Master of Arts	Wirtschaft und Recht, Schwerpunkt Tourismus- und Hotelmanagement	Fernstudium
Donau-Universität	Krems (Österreich)	Master of Business Administration	Wellness- und Veranstaltungsmanagement	Fernstudium
International School of Management (ISM) GmbH	Dortmund, Frankfurt, Hamburg, München	Master of Arts	Management, Spezialisierung Tourismus	Berufsbegleitendes Präsenzstudium, Präsenzen am Samstag
Internationale Hochschule Bad Honnef (IUBH)	Bad Honnef, Bonn	Master of Arts | Master of Business Administration	General Management mit Spezialisierung Strategisches Management | Schwerpunkt Tourismus	Online-Studium mit verpflichtenden Präsenzanteilen
Private Hochschule Göttingen (PFH)	Göttingen	Master of Arts oder Master of Business Administration	Advanced Management, Betriebswirtschaftslehre, Wirtschaftspsychologie mit möglicher Schwerpunktsetzung im Tourismus.	Fernstudium

6. Bildung und Weiterbildung im Tourismus

Akademische Bildung im Tourismus

Die vergebenen Plätze in touristischen Studiengängen beziffern sich im Wintersemester 2014/15 auf insgesamt 8.794 eingeschriebene Studierende im Studienfach Tourismuswirtschaft.[135] 5,9 % davon studieren auf Masterniveau.[136] Rund 81 % der Studierenden sind weiblich.[137] Betrachtet man die Entwicklung der Studierenden im Studienfach Tourismuswirtschaft über einen längeren Zeitraum, so werden zwei Aspekte deutlich. Zum einen verlagert sich die akademische Ausbildung im Studienfach Tourismuswirtschaft an die Fachhochschulen. Die Universitäten ziehen sich sukzessive aus dem Studienfach Tourismuswirtschaft zurück.[138] Zum anderen steigt aber gleichzeitig die Zahl der Studierenden im Tourismus stetig an. Der Anstieg ist aber nicht linear, sondern weist abnehmende Zuwachsraten auf. So lag der Anstieg eingeschriebener Studierender von 2007 auf 2008 bei 34,6 %, in absoluten Zahlen bei +1.163 Studierenden. Vom Jahr 2013 auf 2014 lag dieser bei 5,6 %, in absoluten Zahlen bei +452 Studierenden.[139] Ein Grund dafür kann die Umstellung der Studienverläufe auf

---

135 Statistisches Bundesamt (Hg.) 2015a, S. 179.
136 Statistisches Bundesamt (Hg.) 2015a, S. 345.
137 Statistisches Bundesamt (Hg.) 2015a, S. 179 und S. 345.
138 Bspw. wurde der Schwerpunkt ‚Tourismuswirtschaft' an der Technischen Universität Dresden zum 30.09.2016 eingestellt, an der Leuphana Universität Lüneburg wird der Schwerpunkt ‚Tourismusmanagement' voraussichtlich 2018 eingestellt, siehe die folgenden Mitteilungen der Universitäten: „Zum Ende des Sommersemesters 2016 (30. September 2016) wird Prof. Dr. Walter Freyer pensioniert. Die Stelle Tourismuswirtschaft wird nicht neu besetzt, so dass der Schwerpunkt ‚Tourismuswirtschaft' an der TU Dresden dann eingestellt wird." (TU Dresden 2016). Sowie: „Ende WS 2017/18 (31.3.2018) wird Prof. Dr. Edgar Kreilkamp in Pension gehen. Die Stelle wird dann wahrscheinlich nicht neu besetzt (es laufen noch Bemühungen zur Einwerbung einer Stiftungsprofessur), so dass der Schwerpunkt ‚Tourismusmanagement' an der Leuphana dann eingestellt wird. Bis zu diesem Zeitpunkt werden weiterhin die Lehrveranstaltungen in Tourismusmanagement angeboten." (Leuphana Universität Lüneburg 2016).
139 Statistisches Bundesamt (Hg.) 2015a, S. 345; Statistisches Bundesamt (Hg.) 2014a, S. 344; Statistisches Bundesamt (Hg.) 2013a, S. 338; Statistisches Bundesamt (Hg.) 2012a, S. 341; Statistisches Bundesamt (Hg.) 2011a, S. 340; Statistisches Bundesamt (Hg.) 2010, S. 340; Statistisches Bundesamt (Hg.) 2009, S. 350; Statistisches Bundesamt (Hg.) 2008, S. 344.

die zeitlich schneller erreichbaren Studienabschlüsse Bachelor (meist nach drei Jahren Regelstudienzeit) und Master (meist nach zwei Jahren Regelstudienzeit) sein, die im Rahmen der europäischen Studienreform (Bologna-Prozess) vorgenommen wurde.[140]

Neben grundständigen Studienangeboten ermöglichen Fachhochschulen und Hochschulen durch weiterführende Masterstudiengänge und Zertifikatsangebote das lebensbegleitende Lernen auf dem aktuellsten Stand von Wissenschaft und Forschung. Aktuell listet der Hochschulkompass, eine Datenbank der Hochschulrektorenkonferenz über akkreditierte Studienangebote in Deutschland, insgesamt 35 Standorte mit weiterführenden Masterangeboten im Bereich des Tourismus (für Details siehe Infobox in Kapitel 5).[141] Zehn Institutionen bieten die Möglichkeit des berufsbegleitenden Studiums, acht Einrichtungen deklarieren ihr Angebot als Fernstudium und ebenfalls acht Anbieter offerieren ein Teilzeitstudium.[142]

Berufliche Bildung im Tourismus

Den Stand der beruflichen Bildung im Tourismus spiegeln die Absolvierendenzahlen an Fachschulen im Tourismus wider. Im Jahr 2013 gab es 1.291 Absolventinnen und Absolventen an Fachschulen in der Berufsgattung Tourismus-, Hotel- und Gaststättenberufe, davon 56,9 % weiblich. 909 Personen (58,9 % weiblich) erwarben ihren Abschluss an einer öffentlichen Schule, 382 Absolventinnen und Absolventen (52,4 % weiblich) an einer privaten Fachschule.[143] Ähnlich ausgewogen ist das Verhältnis von Männern und Frauen bei der Fortbildung zum/zur Fachwirt/in im Gastgewerbe. In den Jahren 2010 bis 2013 gab es insgesamt 516 Teilnehmende, davon waren 54,7 % Frauen. 52,9 % der 363 bestandenen Prüfungen in diesem Zeitraum wurden von weiblichen Prüflingen absolviert.[144] Größer ist der Anteil der Frauen bei Fortbildungsprüfungen zum/zur Tourismusfachwirt/in: In den Jahren 2010 bis 2013 gab es insg. 1.038 Teilneh-

---

140 Mehr zum Bologna-Prozess siehe BMBF 2014 und BMBF 2015b.
141 Stiftung zur Förderung der Hochschulrektorenkonferenz (Hg.) 2015.
142 Eine kartographische Darstellung findet sich im Tourismusatlas Deutschland. Vgl. Rettig 2017, S. 108–109.
143 BIBB (Hg.) 2015, S. 379.
144 Statistisches Bundesamt (Hg.) 2011b, S. 10; Statistisches Bundesamt (Hg.) 2012b, S. 10; Statistisches Bundesamt (Hg.) 2013b, S. 15; Statistisches Bundesamt (Hg.) 2014b, S. 19.

mende an dieser Aufstiegsfortbildung, davon waren 81,2 % weiblich. Bei einer Prüfungserfolgsquote von insgesamt 79,8 % wurden 693 der 828 bestandenen Prüfungen (83,7 %) von weiblichen Prüflingen absolviert.[145]

Weiterbildung im Tourismus

Weiterbildung für Berufstätige ist ein breites Feld und kann je nach Zielgruppe und Zielsetzung der Weiterbildung verschiedenste Formen haben. In der amtlichen Statistik zur Weiterbildung wird folgendes ausgewiesen:[146] Berufliche Weiterbildung von Erwerbspersonen, Berufliche Weiterbildung in Unternehmen, Maßnahmen der Bundesagentur für Arbeit, Fortbildungsmaßnahmen in Wirtschaftsorganisationen, Förderung nach dem Aufstiegsfortbildungsförderungsgesetz (AFBG) bzw. dem sogenannten „Meister-BAföG", Tätigkeiten der Volkshochschulen sowie die Weiterbildungsbeteiligung in Deutschland nach der Europäischen Erhebung über das Lernen im Erwachsenenalter (Adult Education Survey (AES)). Eine Übersicht bietet Abbildung 10.

Abbildung 10: Formen der Weiterbildung gemäß amtlicher Statistik[147]

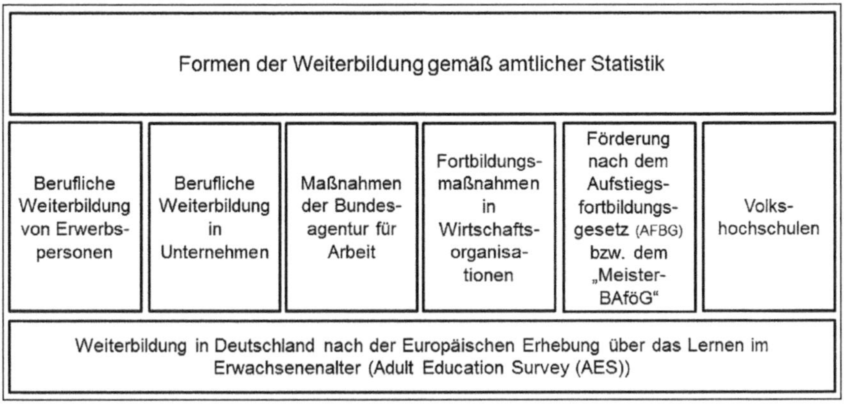

Formen der Weiterbildung gemäß amtlicher Statistik						
Berufliche Weiterbildung von Erwerbspersonen	Berufliche Weiterbildung in Unternehmen	Maßnahmen der Bundesagentur für Arbeit	Fortbildungsmaßnahmen in Wirtschaftsorganisationen	Förderung nach dem Aufstiegsfortbildungsgesetz (AFBG) bzw. dem „Meister-BAföG"	Volkshochschulen
Weiterbildung in Deutschland nach der Europäischen Erhebung über das Lernen im Erwachsenenalter (Adult Education Survey (AES))						

---

145 Statistisches Bundesamt (Hg.) 2011b, S. 10; Statistisches Bundesamt (Hg.) 2012b, S. 10; Statistisches Bundesamt (Hg.) 2013b, S. 15; Statistisches Bundesamt (Hg.) 2014b, S. 19.
146 Vgl. Statistisches Bundesamt (Hg.) 2014b, S. 39–41.
147 Eigene Darstellung. Basis: Statistisches Bundesamt (Hg.) 2014b, S. 39–41.

Die statistischen Daten sind zwar nach Ausbildung[148] der Teilnehmenden und nach ihrer Stellung im Beruf[149] ausgewiesen. Dies lässt aber kaum Rückschlüsse auf die Zielsetzung[150] oder die Niveaustufe der Weiterbildung[151] zu.

Die Bedeutung von Weiterbildung für die einzelnen Wirtschaftsbereiche lässt sich aus der amtlichen Statistik aber insoweit entnehmen, dass Teilnahmequoten und Teilnahmestunden von Unternehmen mit Lehrveranstaltungen aufgegliedert nach Wirtschaftsbereichen ausgewiesen werden. Ein so ausgewiesenes Gebiet ist das Gastgewerbe. Im Vergleich der dargestellten Branchen stellt sich folgendes heraus: Während bei der Betrachtung aller Wirtschaftsbereiche die Teilnehmerinnen und Teilnehmer von Unternehmen mit Lehrveranstaltungen im Durchschnitt 23 Stunden im Jahr in Lehrgängen, Kursen oder Seminaren verbringen, liegen die Teilnahmestunden je Teilnehmenden im Wirtschaftsbereich Gastgewerbe[152] bei zwölf Stunden im Jahr. Dies ist im Vergleich der ausgewiesenen Wirtschaftsbereiche der niedrigste Wert. Entsprechend sind auch die Teilnahmestunden je Beschäftigten mit fünf Stunden für die Weiterbildung im Gastgewerbe am geringsten.[153]

Die isolierte Betrachtung des Gastgewerbes greift aber zu kurz, wenn eine Aussage über die Bedeutung von Weiterbildung im Tourismus getroffen werden soll, denn aufgrund „des hohen sektoralen Verflechtungsgrades mit anderen Wirtschaftsbereichen werden durch die touristisch bedingte Nachfrage auch bedeu-

---

148 D. h. sortiert nach: Lehre/Berufsausbildung im dualen System, Fachschulabschluss, Fachhochschulabschluss, Hochschulabschluss, Promotion, ohne Berufsausbildung.
149 D. h. sortiert nach: Selbständige, Mithelfende Familienangehörige, Beamte/Beamtinnen, Angestellte, Arbeiter/Arbeiterinnen, Auszubildende, Erwerbslose ohne frühere Tätigkeit.
150 Ist die Zielsetzung der Weiterbildung bspw. eine Anwenderschulung eines neuen Küchengerätes für die Großküche, eine berufspraktische Weiterbildung für Sommeliers, eine wissenschaftliche Weiterbildung für touristische Marktforscher oder der Ausbau von Sozialkompetenzen bei Führungskräften im Rahmen eines Workshops?
151 Bspw. nach den Niveaustufen des Deutschen Qualifikationsrahmens (DQR). Zum DQR siehe BMBF 2011a.
152 Das Statistische Bundesamt definiert Gastgewerbe wie folgt: „Das Gastgewerbe unterteilt sich in Beherbergung und Gastronomie. Die Beherbergung umfasst alle Möglichkeiten des Übernachtens gegen Bezahlung für einen kurzen Zeitraum. Die Palette reicht vom Hotel bis zum Campingplatz. Die Gastronomie bietet Mahlzeiten und Getränke zum sofortigen Verzehr an. Fünf-Sterne-Restaurants gehören ebenso dazu wie Caterer und Eckkneipen." (Statistisches Bundesamt (Hg.) 2015d).
153 Statistisches Bundesamt (Hg.) 2014b, S. 12.

tende Impulse in weiteren Sektoren und Segmenten generiert."[154] Ein Rückschluss zur Bedeutung von Weiterbildung im Tourismus auf Basis der verfügbaren Daten zu Teilnahmequoten und Teilnahmestunden aus dem Gastgewerbe wäre daher zu eng gefasst. Daher fokussiert das Kapitel 8 die Bedeutung des lebenslangen, berufsbegleitenden Lernens der Beschäftigten in der Tourismusbranche.

Zusammenfassung

Die vorangegangenen Ausführungen haben gezeigt, dass in der deutschen Tourismuswirtschaft ein breites Spektrum an Weiterbildungsmöglichkeiten von der beruflichen Fortbildung über privatwirtschaftliche Angebote (Hotelfachschulen, Weiterbildungseinrichtungen der Industrie- und Handelskammern usw.) bis hin zu akademischen Weiterbildungszertifikaten und Studiengängen vorhanden ist.

Aufgrund der im Verhältnis der Wirtschaftsbereiche geringen Teilnahmestunden an Weiterbildung im Gastgewerbe stellt sich jedoch die Frage, ob Weiterbildung in diesem Wirtschaftszweig und auch in der Tourismusbranche insgesamt eine geringere Bedeutung hat. Gibt es gegebenenfalls branchenspezifische Gründe für die Nichtnutzung von Weiterbildungsangeboten? Wenn ja, ist vor diesem Hintergrund schließlich (insb. für Anbieter von Weiterbildung) die Frage interessant, ob es auch spezifische Erwartungshaltungen an Weiterbildungsangebote für Touristiker gibt, die vom Markt noch nicht hinreichend befriedigt werden. Diesen Fragen soll in den nachfolgenden Kapiteln nachgegangen werden.

---

154 Eilzer 2008, S. 41–42.

7. Forschungsdesign

Den nächsten drei Kapiteln liegt das im Folgenden erläuterte Forschungsdesign zugrunde. Die vorgenommene Analyse zielt auf drei Fragenstellungen ab:

(1) die Bedeutung von Weiterbildung im Tourismus,
(2) die Nicht-Nutzungsgründe von Weiterbildungsangeboten im Tourismus
und schließlich spezifischer
(3) die Erwartungshaltung an onlinegestützte Weiterbildungsangebote im Tourismus.

Der Untersuchungsgegenstand ermöglicht einen qualitativen Zugang, da keine vorab formulierten Theorien empirisch überprüft werden sollen, sondern das Themenfeld der Weiterbildung im Tourismus explorativ erforscht werden soll, um Ursachen und Motive heraus zu arbeiten.[155] Methodisch stützt sich die Untersuchung auf telefonische Experteninterviews, die zwischen Juli und Oktober 2013 durchgeführt wurden. Insgesamt wurden 26 Touristiker befragt, die als Fach- und Führungskräfte tätig sind (siehe Tabelle 3). Die Auswahl der Interviewpartnerinnen und -partner erfolgte in Anlehnung an die Branchenbereiche Destination, Hotellerie und Reiseveranstalter, in denen die Fachhochschule Westküste ihre Studierenden der touristischen Studiengänge qualifiziert. Damit sind die Interviewpartner als Experte/Expertin und Repräsentant/in ihrer Branche für das Forschungsvorhaben relevant, da sie „selbst Teil des Handlungsfeldes sind, das den Forschungsgegenstand ausmacht."[156]

Tabelle 3: Interviewpartner/innen[157]

Destination	Hotellerie	Reiseveranstalter
Geschäftsführung Destination (5)	Geschäftsführung Betrieb (4)	Geschäftsführung Reiseveranstalter (3)
Leitung Kommunikation (2)	Geschäftsführung Beratungsunternehmen (1)	Abteilungsleiter/ Kaufmännischer Leiter (2)
Referenten/Projektmanager (3)	Personalabteilung, Vertrieb (5)	Branchenexperte mit Lehrstuhl (1)

---

155 Vgl. Flick 2007, S. 27.
156 Meuser & Nagel 1991, S. 443.
157 Eigene Darstellung.

Als geeignete Methodik wurde das Leitfadeninterview mit offenen Fragen zur Thematik identifiziert, da es den Befragten die Möglichkeit bietet, ihre Expertise in Gesprächsform einzubringen, ohne dass es Begrenzungen oder Vorauswahlen vorentwickelter Items gibt.

Vor der Durchführung der Befragung wurde der Fragebogen an mehreren Personen getestet und einzelne Fragen optimiert. Die Befragung zur Ermittlung der Bedeutung von Weiterbildung im Tourismus wurde telefonisch durchgeführt. Die Interviews wurden aufgezeichnet und im Anschluss transkribiert und ausgewertet (siehe Abbildung 11).

Abbildung 11: Der zugrundeliegende Forschungsprozess[158]

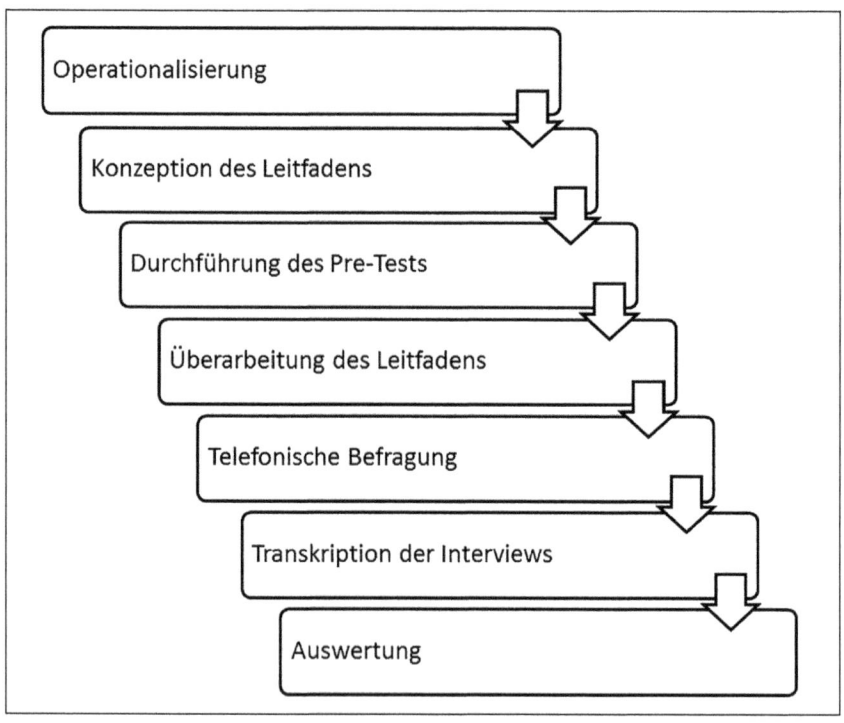

Der Fragebogen wurde als fokussierter Interviewleitfaden gestaltet. So bietet der Leitfaden nicht nur die Möglichkeit das Gespräch flexibel zu gestalten, das heißt bspw. Rückfragen zuzulassen oder referenzierend auf die Antworten des Inter-

---

158 Eigene Darstellung.

viewten einen neuen Themenblock einzuführen, sondern auch bei Abschweifungen des Interviewten auf das Thema des Gesprächs zurückzuführen.[159] Bei einigen Fragen wird bewusst die projektive Fragetechnik angewendet. Mit dieser Technik „wird versucht, solche zunächst unbewussten Gefühle, Motivationen und Einstellungen in Bezug auf Meinungsgegenstände aufzudecken, die schwierig zu artikulieren sind oder die bei standardisierten Fragetechniken schnell zu sozial erwünschten Antworten führen."[160] Der Leitfaden war wie folgt aufgebaut (siehe Abbildung 12): Das Telefoninterview beginnt mit einigen Fragestellungen, die es den Befragten ermöglichen, erstmal frei über sich zu erzählen. Ziel ist es die Interviewsituation aufzulockern und in ein angenehmes Gespräch zu verwandeln (Eisbrecher).

Abbildung 12: Ablauf des Interviews, einzelne Phasen[161]

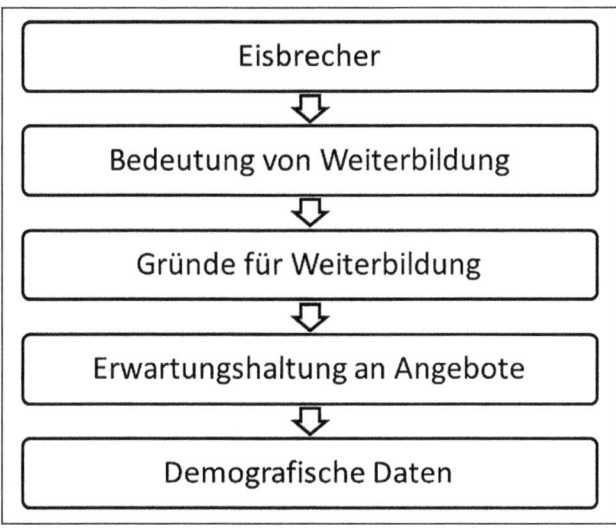

Auf diese Weise soll auch die parallel laufende Aufzeichnung des Gesprächs bei den Befragten nicht mehr so präsent im Bewusstsein sein und gleichzeitig der abschließende Fragenblock zu den Stammdaten kurzgehalten werden.

Nach diesem Einstieg in die Befragung wird die Bedeutung von Weiterbildung mit Hilfe des ersten Fragenkomplexes beleuchtet. Zunächst wird dazu

---

159 Vgl. Flick 2007, S. 197.
160 Kroeber-Riel und Gröppel-Klein 2013, S. 28.
161 Eigene Darstellung. Leitfaden siehe Anhang.

ganz allgemein die Wichtigkeit von Weiterbildung abgefragt, bevor Gründe für Weiterbildung gesucht werden. Danach werden Möglichkeiten der Förderung von Weiterbildung durch den Arbeitgeber im Gespräch ermittelt, um darauf aufbauend zu erörtern, warum Arbeitgeber in die Weiterbildung ihrer Mitarbeiter investieren.

Der zweite Fragenkomplex des Leitfadens beleuchtet die Nutzungsgründe für Weiterbildungsangebote und die Nicht-Nutzungsgründe bzw. Hemmnisse eben solche Weiterbildungsangebote zu nutzen. Die Befragten werden eingeladen an ihren Tagesablauf zu denken und Hemmnisse zu identifizieren, die sie daran hindern Weiterbildungsangebote zu nutzen. Davon ausgehend werden Rahmenbedingungen, die eine Teilnahme an einem Weiterbildungsangebot überhaupt erst möglich machen, bzw. Mindestanforderungen, die ein Weiterbildungsangebot erfüllen muss, ermittelt. Explizit wurde dabei die verfügbare Zeit für Weiterbildung abgefragt.

Im dritten Block werden schließlich Fragen zur Erwartungshaltung an Weiterbildungsangebote von staatlichen Hochschulen gestellt. Zudem wird konkret auf das Thema Online-Weiterbildung abgezielt, indem nach Chancen und Risiken/Schwierigkeiten für den Einsatz von Online-Angeboten in der Tourismusbranche gefragt wurde. Am Ende des Themenblocks haben die Befragten noch einmal die Möglichkeit bekommen ihre Anforderungen an ein Online-Weiterbildungs-Angebot zu formulieren.

Abschließend wurden die Befragten mithilfe eines Kurzfragebogens[162] gebeten einige demografische Daten (Geschlecht, Alter und bisheriger Abschluss) zu nennen, sowie Auskunft zur Einordnung ihrer Berufserfahrung zu geben (Jahre Berufserfahrung insgesamt, davon Jahre Berufserfahrung als Führungskraft sowie Anzahl Unternehmen, für die bisher gearbeitet wurde).

Die so dokumentierten Daten wurden kodiert, um eine Reduktion des Datenmaterials zu erreichen und so eine nachvollziehbare Kategorisierung und damit auch eine Strukturierung des Untersuchungsgegenstandes zu erzielen (siehe Abbildung 13). Dazu wurden die Aussagen der Interviewpartner zunächst in einem iterativen Prozess aus offenem und axialem Kodieren auf ihre Kernaussagen reduziert.[163] Dabei wurden zumeist sog. Invivo-Kodes[164], also Aussagen der Interview-

---

162 Vgl. Witzel 2000.
163 „Offenes Kodieren zielt darauf ab, Daten und Phänomene in Begriffe zu fassen." (Flick 2007, S. 388); Beim axialen Kodieren „werden aus der Vielzahl entstandener Kategorien diejenigen ausgewählt, deren weitere Ausarbeitung am vielversprechendsten erscheint." (Flick 2007, S. 393).
164 Invivo hat seine Herkunft im lateinischen *in vivo* und bedeutet *im Lebendigen*.

partner, als Benennung gewählt. In einem zweiten Schritt wurde selektiv kodiert, d.h. die Kategorien wurden weiter gruppiert und Kernkategorien gefunden, in denen die zuvor benannten Kategorien aufgehen.[165] Die nachfolgenden drei Kapitel fassen die nach diesem Verfahren ermittelten Ergebnisse der Befragungen zusammen.

Abbildung 13: Vom Datenmaterial zur Ergebnisdarstellung[166]

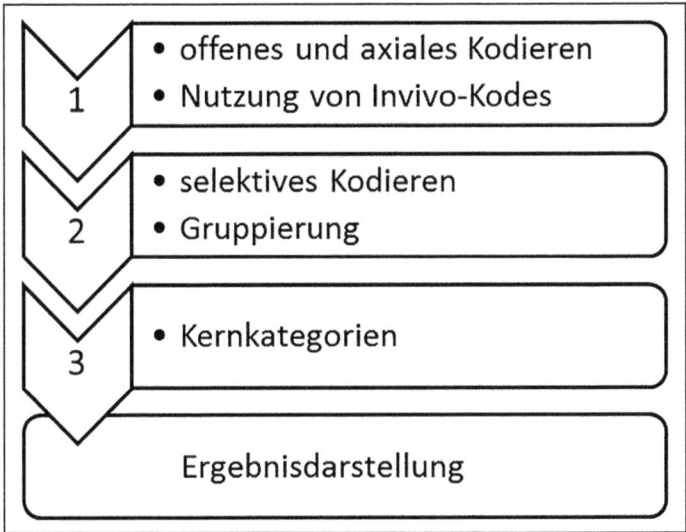

---

165 Vgl. Flick 2007, S. 396.
166 Eigene Darstellung. Vgl. Flick 2007, S. 388–396.

8. Ergebnisse der empirischen Untersuchung zu Wichtigkeit, Investition und Förderung von Weiterbildung im Tourismus

Im ersten inhaltlichen Themenblock des telefonischen Leitfadeninterviews wird zunächst nach der Wichtigkeit von Weiterbildung gefragt, bevor auf die individuellen Gründe für eine Teilnahme eingegangen wird. Weitere Aspekte zur Bedeutung dieser Form der Personalentwicklung für Unternehmen und Arbeitnehmer werden durch die Arten der Förderung von Weiterbildung sowie durch die Gründe der Investition in Weiterbildung deutlich.

Wichtigkeit

Auf die offen gestellte Einstiegsfrage *Wie wichtig ist Weiterbildung in Ihren Augen?* haben alle Befragten in verschiedenen Abstufungen des Wortes „wichtig" geantwortet. Da bei einer offenen Frage keine Antwortoptionen vorgegeben sind, geschieht keine Kategorisierung nach einer 5- oder 6-Punkt Likert-Skala, wie sie beim Ermitteln der Wichtigkeit in quantitativen Erhebungen üblich ist. Stattdessen werden die erhaltenen Antworten der 26 Interviewpartner kategorisiert und gruppiert. „Sehr wichtig" bzw. auch „ganz wichtig"[167] und „ausgesprochen wichtig"[168] werden dabei am häufigsten genannt. Stärker positiv eingeordnet ist nur die Antwort „das Wichtigste überhaupt"[169]. Danach folgten Antworten, die mit „wichtig"[170] kategorisiert sind. Dazu zählen auch die Antworten „immer wichtig"[171] und „zentrales Thema"[172]. Als ebenfalls wichtig, aber etwas abgeschwächt, werden die Antworten „schon wichtig"[173] und „für die, die den Beruf nicht gelernt haben, besonders wichtig"[174] kategorisiert. Es ergibt sich folgendes Bild (Abbildung 14).

---

167 Vgl. Interviewpartner #16 und #25.
168 Vgl. Interviewpartner #11, Interview (telefonisch), FH Westküste, 09.08.2013.
169 Interviewpartner #08, Interview (telefonisch), FH Westküste, 19.08.2013.
170 Vgl. Interviewpartner #20 und #21.
171 Interviewpartner #14, Interview (telefonisch), FH Westküste, 29.07.2013.
172 Interviewpartner #19, Interview (telefonisch), FH Westküste, 31.07.2013.
173 Interviewpartner #10, Interview (telefonisch), FH Westküste, 15.08.2013.
174 Interviewpartner #7, Interview (telefonisch), FH Westküste, 29.07.2013.

Die Einstiegsfrage zeigt deutlich, dass auf eine offene Frage hin keine/r der Befragten Weiterbildung als unwichtig einschätzt. Da es aber möglich ist, dass eine positive Einschätzung der Bedeutung von Weiterbildung sozial erwünscht ist, kann die Beantwortung dieser Eingangsfrage methodisch zu Verzerrungen geführt haben. Die Befragten hätten dann bei der Frage nach der Wichtigkeit von Weiterbildung nicht ihre tatsächliche Einschätzung wiedergegeben, sondern hätten eine erwartete Antwort gegeben.

Abbildung 14: Wichtigkeit von Weiterbildung[175]

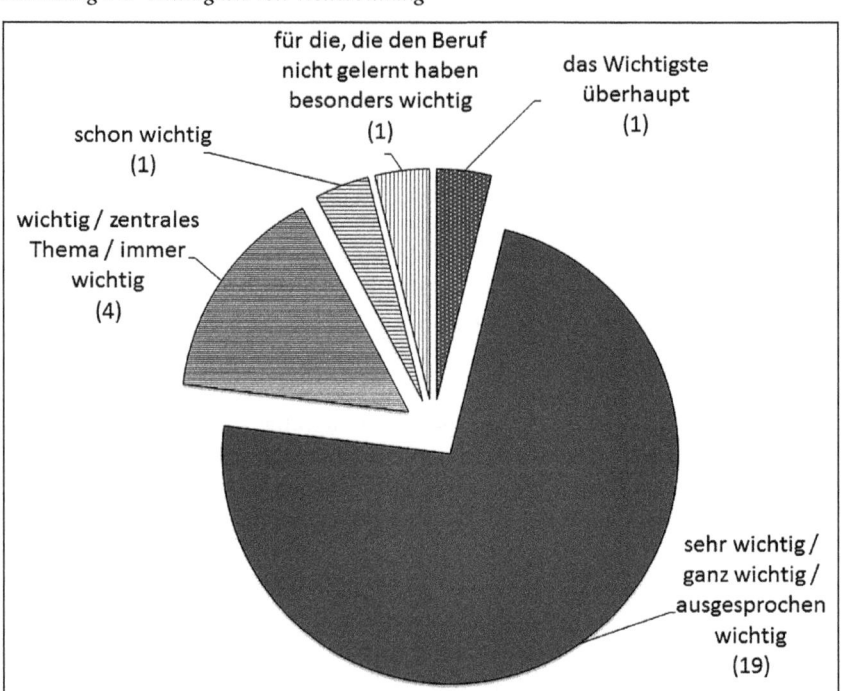

Gründe für Weiterbildung

Da Weiterbildung als sehr wichtig eingeschätzt wird, liegt die nachfolgende Frage nach den Gründen nahe. Die Frage wurde mit projektiver Methodik gestellt:[176] *Aus welchen Gründen würden sich Ihre Kollegen weiterbilden?* Die Antworten

---

175 Eigene Darstellung auf Basis der geführten Interviews.
176 Zur Erläuterung der projektiven Methodik, siehe Kapitel 7.

wurden, wie in Kapitel 7 beschrieben, kategorisiert und ergeben folgendes Bild. Gründe für Weiterbildung sind

- auf dem aktuellen Stand zu sein,
- die persönliche Weiterentwicklung des Mitarbeiters/der Mitarbeiterin,
- Horizonterweiterung und neue Perspektiven,
- die Weiterentwicklung des Betriebs,
- die Erweiterung des Wissens und Könnens sowie
- die Sozial- und Fachkompetenzen zu steigern.

Die befragten Geschäftsführer und Geschäftsführerinnen schätzen den „Blick von außen"[177], wollen „gestiegenen Marktanforderungen"[178] entsprechen und sich weiterbilden, um „Trends […] für die eigene Arbeit nutzbar zu machen."[179] Ein befragter Geschäftsführer fasst zusammen: „Weiterbildung hängt für mich zwingend zusammen mit der Weiterentwicklung eines Betriebs."[180]

Gründe für Weiterbildung liegen aber auch im Bereich der persönlichen Weiterentwicklung des Mitarbeiters/der Mitarbeiterin. Zum einen werden von Angestellten „nach vorne kommen [zu] wollen"[181] und die „Chancen […] aufzusteigen"[182] benannt. Aber auch die Erweiterung des Wissens und Könnens wird von den Befragten als positiv erlebt: „Je mehr Wissen man hat, desto sicherer wird man auch im Umgang mit seinem Thema und verkörpert das gegenüber den Gästen auch entsprechend."[183] Eine Befragte berichtet ganz konkret von einem Seminar zu Sozialkompetenzen und Soft Skills für den Kundenkontakt, in dem es darum ginge den freundlichen und herzlichen Umgang mit dem Gast – auch bei verschiedenen Menschentypen und (Konflikt-) Situationen – zu vertiefen.[184] Zudem ist den Mitarbeitern und Mitarbeiterinnen auch die Horizonterweiterung – der *Blick über den Tellerrand* – wichtig, um weiterzukommen, neue Impulse zu erhalten und „nicht nur *einen* Blick"[185] auf die Lösung von Problemstellungen zu kennen (siehe Abbildung 15).

---

177 Interviewpartner #13, Interview (telefonisch), FH Westküste, 29.07.2013.
178 Interviewpartner #8, Interview (telefonisch), FH Westküste, 19.08.2013.
179 Interviewpartner #24, Interview (telefonisch), FH Westküste, 29.07.2013.
180 Interviewpartner #18, Interview (telefonisch), FH Westküste, 14.08.2013.
181 Interviewpartner #21, Interview (telefonisch), FH Westküste, 02.08.2013.
182 Interviewpartner #22, Interview (telefonisch), FH Westküste, 29.07.2013.
183 Interviewpartner #22, Interview (telefonisch), FH Westküste, 29.07.2013.
184 Vgl. Interviewpartner #5, Interview (telefonisch), FH Westküste, 31.07.2013.
185 Interviewpartner #6, Interview (telefonisch), FH Westküste, 06.08.2013.

Gerade die technologisch induzierten, sich schnell ändernden Marktgegebenheiten erfordern Weiterbildung, um „immer am Puls der Zeit zu sein, Trends aufzunehmen und einfach dem Kunden gegenüber immer auf dem neusten Stand zu sein."[186] Dies sei gerade im Onlinebereich extrem wichtig, dort müsse man „immer up to date"[187] sein. Weiterbildungen sind hier ein wichtiges Instrument, um auf dem Laufenden zu bleiben und so den Anschluss nicht zu verpassen.[188] Mit Bezug auf die Qualitätssicherung des Angebots wird auch im touristischen Produktmanagement begründet, dass Weiterbildung wichtig sei, um die Produktqualität vor der Kulisse sich stetig verändernder Gegebenheiten auf dem gewünschten Niveau zu halten.[189]

Abbildung 15: Selbstaktualisierung als ein Kernmotiv für die Weiterbildungsteilnahme[190]

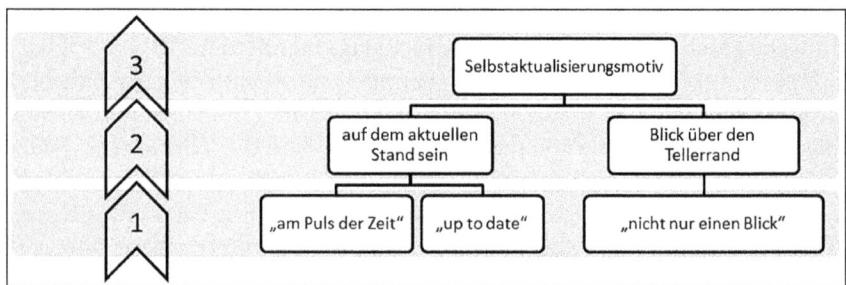

Weiterbildung bringt „für das alltägliche Geschäft neue Ideen"[191], führt zu „einer Zufriedenheit bei einem selbst und natürlich auch beim Arbeitgeber"[192] und schafft „qualifizierte und kompetente Mitarbeiter"[193]. So ist Weiterbildung ein gewinnbringender Prozess für Arbeitgeber und Arbeitnehmer, sofern die Weiterbildungsinvestition in den Mitarbeiter/die Mitarbeiterin im Unternehmen bleibt und auch das Unternehmen auf diese Weise nachhaltig von der Weiterbildung profitiert.[194] Dies spricht nicht nur für die Nutzung von Weiterbildungs-

---

186 Interviewpartner #4, Interview (telefonisch), FH Westküste, 02.08.2013.
187 Interviewpartner #9, Interview (telefonisch), FH Westküste, 31.07.2013.
188 Vgl. Interviewpartner #9, Interview (telefonisch), FH Westküste, 31.07.2013.
189 Vgl. Interviewpartner #17, Interview (telefonisch), FH Westküste, 02.08.2013.
190 Eigene Darstellung.
191 Interviewpartner #3, Interview (telefonisch), FH Westküste, 23.07.2013.
192 Interviewpartner #11, Interview (telefonisch), FH Westküste, 09.08.2013.
193 Interviewpartner #26, Interview (telefonisch), FH Westküste, 29.10.2013.
194 Vgl. Interviewpartner #11, Interview (telefonisch), FH Westküste, 09.08.2013.

angeboten, sondern auch für die strukturierte Förderung von Weiterbildung durch den Arbeitgeber.

Zusammenfassung

Neben Selbstaktualisierungsmotiven und Wünschen nach breiterem und/oder tieferem Wissen im eigenen Arbeitsfeld, die das Interesse auf Seiten des Mitarbeiters/der Mitarbeiterin begründen, sind auch die Gründe für den Arbeitgeber deutlich geworden. Zum Erhalt und zur Weiterentwicklung des Betriebs ist die Vermehrung des Wissens und Könnens der Mitarbeiter und die damit verbundene, verbesserte Reaktionsfähigkeit auf sich stetig verändernde Marktgegebenheiten ein genauso wichtiger Grund für Arbeitgeber, wie der Ausbau von Sozial- und Fachkompetenzen, die das professionelle Zusammenarbeiten im Unternehmen und den Erhalt einer positiven Unternehmenskultur fördern.

Förderung von Weiterbildung

Auf die Frage *Wie fördert Ihr Arbeitgeber Ihre Weiterbildung?* bzw. für Geschäftsführungen *Wie fördern Sie die Weiterbildung Ihrer Mitarbeiter/innen?* wurden folgende Arten der Förderungen am häufigsten genannt:

- finanzielle Unterstützung
- zeitliche Freistellung
- Unternehmen bietet eigene Weiterbildungsmaßnahmen an

Die häufigste Form der Förderung ist die finanzielle Unterstützung durch den Arbeitgeber. Die Art der finanziellen Unterstützung ist allerdings unterschiedlich. Manche Arbeitgeber übernehmen alle anfallenden Kosten der Weiterbildung, andere übernehmen dagegen nur einen Teil, wie bspw. Spesen, Kursgebühren oder lediglich Fahrt- und/oder Übernachtungskosten. Eine Variante ist auch ein vorab festgelegtes – und den Mitarbeiterinnen und Mitarbeitern kommuniziertes – Budget zur Förderung von Weiterbildungsmaßnahmen.

Vergleicht man die Ergebnisse dieser Frage mit denen der Frage zu Hemmnissen hinsichtlich der Nutzung von Weiterbildungsangeboten (siehe Kapitel 9), ergibt sich folgendes Bild: Während bei der Frage nach der Förderung die finanzielle Unterstützung mit Abstand zu allen anderen Antworten am häufigsten genannt wurde, ist eine ausbleibende Förderung dagegen nur selten aktiv als Hemmnis für die Nutzung von Weiterbildungsangeboten genannt worden. Auch in den Fragen zu Rahmenbedingungen und Mindestanforderungen (siehe ebenfalls Kapitel 9) wird die finanzielle Unterstützung nur selten genannt.

Förderung von Weiterbildung geschieht aber auch „zeitlich"[195] durch „den nötigen Freiraum"[196], d. h. „die Weiterbildung ist dann sozusagen Dienstzeit."[197] Ein Befragter aus der Hotellerie benennt „Pflichtprogramme, aber auch welche, die wir uns selbst aussuchen können"[198] und berichtet bereits von einer starken Verankerung eines speziellen Online-Lernformats, das in der unternehmensinternen Weiterbildung eingesetzt wird. Dies sähe aus wie eine Power-Point-Präsentation, die online aufrufbar ist und automatisiert in englischer Sprache vorgelesen wird. Die zeitliche Flexibilität des Angebots sei sehr wichtig für Arbeitgeber und Arbeitnehmer, da ein Teil der Kurse pflichtmäßig absolviert werden muss. Die Zeiteinteilung könne dank dieser Form der Aufbereitung individuell geschehen. Die Teilnahme fließe zudem positiv in die Jahresendgespräche mit ein.[199] Ein Pflichtkurs in Gastronomiebetrieben ist bspw. eine Hygiene Schulung nach der Lebensmittelhygiene-Verordnung EG 852/2004, bei der u. a. die HACCP-Grundsätze[200] behandelt werden.

Auch auf individueller Ebene findet Weiterbildungsförderung statt: „Es kommt immer darauf an, was für den einzelnen Mitarbeiter gerade a) von Interesse, b) Schwerpunkt und c) [von] Notwendigkeit ist."[201] Dabei weist die Steuerung der Weiterbildung durch den Arbeitgeber eine große Bandbreite auf. Auf der einen Seite gibt es eine starke Strukturierung zum einen durch Standardprogramme, die neue Mitarbeiter und Mitarbeiterinnen im Rahmen des *Onboardings*[202] durchlaufen, und zum anderen durch weitere Pflichtprogramme, wie bspw. in der Hotellerie.[203] Hierzu gehören auch Weiterbildungen, die „verpflichtend für alle

---

195 Interviewpartner #21, Interview (telefonisch), FH Westküste, 02.08.2013.
196 Interviewpartner #11, Interview (telefonisch), FH Westküste, 09.08.2013.
197 Interviewpartner #2, Interview (telefonisch), FH Westküste, 30.07.2013.
198 Interviewpartner #6, Interview (telefonisch), FH Westküste, 06.08.2013.
199 Vgl. Interviewpartner #6, Interview (telefonisch), FH Westküste, 06.08.2013.
200 HACCP ist die englische Abkürzung für Hazard Analysis Critical Control Point. Das Konzept beschreibt einen systematischen Ansatz, um Gefahren zu erkennen und zu vermeiden, die mit der Verarbeitung von Lebensmitteln zusammenhängen (bspw. Lebensmittelvergiftungen, Fremdkörper in Lebensmitteln, Mikroorganismen wie Bakterien, Pilze und Viren etc.).
201 Interviewpartner #8, Interview (telefonisch), FH Westküste, 19.08.2013.
202 Mit dem englischen Begriff *Onboarding* bezeichnen Personalabteilungen den Prozess des Einstellens und Integrierens von neuen Kolleginnen und Kollegen in das Unternehmen und die Abteilung, also das „an Bord nehmen" der neuen Kollegin bzw. des neuen Kollegen.
203 Vgl. auch Interviewpartner #8, Interview (telefonisch), FH Westküste, 19.08.2013.

Mitarbeiter"[204] sind. Auf der anderen Seite gibt es nahezu keine Strukturierung oder strategische Auseinandersetzung mit dem Thema Weiterbildung, wie die Aussage einer Geschäftsführerin verdeutlicht: „Ansonsten nutzen wir Seminarangebote, die hereinschneien bei uns und wo wir sagen, das könnte mal für den ein oder anderen passen. Aber es gibt kein Konzept."[205]

Zwischen diesen beiden Eckpunkten liegt die Steuerung der Weiterbildung über ein Budget mit einem höherem Freiheitsgrad der Mitarbeiterinnen und Mitarbeiter: „Wir haben auf jeden Fall ein Budget für Weiterbildung und Schulungen und dieses Budget wird dahingehend verwendet, dass jeder Mitarbeiter in seinem Zuständigkeits-, Verantwortungs- und Kompetenzbereich sich Seminare, Schulungen und Weiterbildungsmaßnahmen auswählen darf [...]."[206] Ein weiterer Befragter berichtet von „klar definierten Weiterbildungsbudgets"[207], aber auch von der Eigenverantwortung seiner Weiterbildung: „Ich kann Seminare besuchen, Tagungen je nachdem, was ich für richtig erachte. Da gibt das Unternehmen mir sehr viel Freiraum."[208] Von einer Kombination aus verpflichtenden Sprachschulungen und eigenverantwortlicher Weiterbildung berichtet ein weiterer Befragter, der seine Angestellten auf Seminare, zum Sprachunterricht und auch zu Schulungen der Industrie- und Handelskammer entsendet sowie jedem Mitarbeiter bzw. jeder Mitarbeiterin im zweijährigen Rhythmus die Chance gibt, sich eine eigene Weiterbildungsmaßnahme auszusuchen.[209]

Zusammenfassung

Bei der Förderung von Weiterbildung gibt es starke Unterschiede bei den Befragten. Einer starken Strukturierung durch Standard- und Pflichtprogramme steht wenig Strukturierung und strategische Auseinandersetzung mit dem Thema Weiterbildung gegenüber. Entsprechend reicht die finanzielle Unterstützung durch den Arbeitgeber von keiner Kostenübernahme über eine Fahrtkostenerstattung bis hin zur vollständigen Finanzierung der Weiterbildung.

Alternativ oder komplementär wird eine zeitliche Freistellung für die Weiterbildung gewährt. Es fallen dann für den Arbeitnehmer bzw. die Arbeitnehmerin keine Minusstunden für die Teilnahme an.

---

204 Interviewpartner #25, Interview (telefonisch), FH Westküste, 15.08.2013.
205 Interviewpartner #15, Interview (telefonisch), FH Westküste, 07.08.2013.
206 Interviewpartner #26, Interview (telefonisch), FH Westküste, 29.10.2013.
207 Interviewpartner #11, Interview (telefonisch), FH Westküste, 09.08.2013.
208 Interviewpartner #11, Interview (telefonisch), FH Westküste, 09.08.2013.
209 Vgl. Interviewpartner #1, Interview (telefonisch), FH Westküste, 07.08.2013.

Die Transparenz der Förderung weist eine Bandbreite auf, die von Individualfallentscheidungen bis hin zu festgelegten und den Mitarbeiterinnen und Mitarbeitern kommunizierten Budgets zur Förderung von Weiterbildungsmaßnahmen reicht.

Investition in Weiterbildung

Um den Aspekt der finanziellen Unterstützung durch den Arbeitgeber genauer zu erheben, wurden diese Frage gestellt: ‚Warum investiert Ihr Arbeitgeber in Weiterbildung?' bzw. für Geschäftsführungen ‚Warum investieren Sie in die Weiterbildung ihrer Mitarbeiter/innen?'. Bereits geäußerte Gründe wurden dabei von den Befragten wiederholt, bekräftigt und durch weitere ergänzt.

Eine Investition in Weiterbildung begründen die Befragten vor allem mit der Weiterentwicklung des Betriebs. Der Arbeitgeber investiert, „weil er sich davon etwas verspricht"[210], „weil es natürlich auch dem Unternehmen dient"[211] und „weil er natürlich auch Interesse daran hat, geschultes Personal zu haben."[212] Auf den Punkt gebracht hat es ein befragter Geschäftsführer eines Reiseveranstalters. Zur Begründung seines auch finanziellen Engagements für die Weiterbildung seiner Mitarbeiter und Mitarbeiterinnen sagte er: „Weil ich das Unternehmen weiterentwickeln möchte und das kann ich nur, wenn sich die Mitarbeiter auch weiterentwickeln. Und ich kann von den Mitarbeitern meiner Meinung nach nicht erwarten, dass sie sich privat und auf eigene Kosten schulen lassen."[213] Ein weiterer Befragter begründete dies zudem mit den dynamischen Veränderungsprozessen am Markt, denen Unternehmen begegnen müssen. Es wird investiert, „um einfach die Möglichkeiten und Kompetenzen des eingesetzten Personals zu erhöhen und auch insbesondere die Veränderungsfähigkeit zu erhöhen."[214]

Auf dem aktuellen Stand zu sein ist daher auch von vielen Befragten als Grund für die Investition des Arbeitgebers in Weiterbildung genannt worden. „Es nützt ja nichts, wenn wir nicht mehr up-to-date sind. Also dann sind wir bald ganz hinten an."[215] Eine weitere Befragte ergänzt: „Weil wir wissen, dass ohne Weiter-

---

210 Interviewpartner #7, Interview (telefonisch), FH Westküste, 29.07.2013.
211 Interviewpartner #4, Interview (telefonisch), FH Westküste, 02.08.2013.
212 Interviewpartner #10, Interview (telefonisch), FH Westküste, 15.08.2013.
213 Interviewpartner #18, Interview (telefonisch), FH Westküste, 14.08.2013.
214 Interviewpartner #19, Interview (telefonisch), FH Westküste, 31.07.2013.
215 Interviewpartner #17, Interview (telefonisch), FH Westküste, 02.08.2013.

bildung nur ein Stillstand da ist."[216] Ein selbständiger Hotelier investiert, „um einfach marktkonform und marktgerecht und erfolgreicher als der übrige Markt das Hotel zu betreiben."[217]

Die Stärkung der eigenen Marktposition durch Qualität und Qualifikation der Mitarbeiter und Mitarbeiterinnen ist ein weiterer Aspekt, der auch von anderen Befragten genannt wird. Je mehr Mitarbeiter weitergebildet werden, umso besser liefe auch der Verkaufsbereich.[218] Weiterbildung diene dem Gästeservice vor Ort genauso wie der Qualität der Beratung.[219]

Abbildung 16: Veränderungsfähigkeit als ein Kernmotiv für die Investition in Weiterbildung[220]

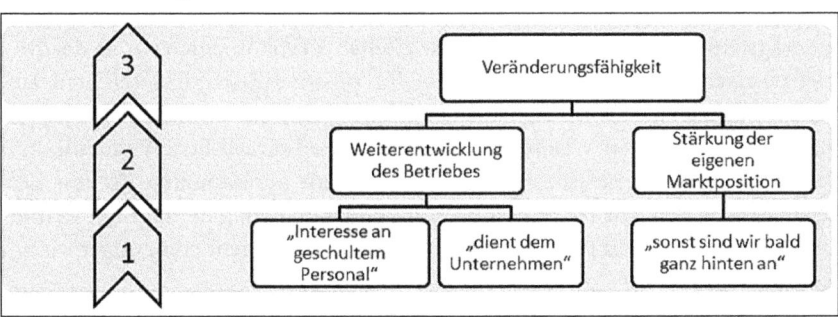

Zusammenfassung

Arbeitgeber handeln nicht altruistisch bei der Investition in Weiterbildung. Sie möchten ihr Personal entwickeln, um das Unternehmen voranzubringen. Weiterbildung zu finanzieren bedeutet ins eigene Unternehmen zu investieren. Als *Return on Investment* benennen die Interviewten die auf diese Weise erreichten höheren Kompetenzen des Personals und die damit verbundene höhere Veränderungsfähigkeit, die für ein Bestehen am Markt erforderlich ist (siehe Abbildung 16). So kalkuliert der Arbeitgeber gezielt die Wirtschaftlichkeit einer Kostenübernahme der Weiterbildung seiner Mitarbeiterinnen und Mitarbeiter mit Blick auf den Fortbestand des Unternehmens.

---

216 Interviewpartner #22, Interview (telefonisch), FH Westküste, 29.07.2013.
217 Interviewpartner #16, Interview (telefonisch), FH Westküste, 29.07.2013.
218 Vgl. Interviewpartner #15, Interview (telefonisch), FH Westküste, 07.08.2013.
219 Vgl. Interviewpartner #25, Interview (telefonisch), FH Westküste, 15.08.2013.
220 Eigene Darstellung.

Zusammenfassend lässt sich also sagen: Die Investition des Arbeitgebers in die Weiterbildung begründet sich analog zu den persönlichen Beweggründen der Mitarbeiter und Mitarbeiterinnen. Auf beiden Seiten besteht der Wunsch, das bestehende Wissen zu erweitern und die Sozial- und Fachkompetenzen zu steigern.

Diskussion: Mögliche weitere Effekte von Weiterbildung

In den geführten Interviews wird eine positive Grundeinstellung der Interviewten zur Weiterbildung deutlich (siehe Abbildung 14). Auch Eilzer betont die Wichtigkeit von Weiterbildung und Qualifizierung im Tourismus im Verständnis des Lebenslangen Lernens. Er benennt qualifizierte Mitarbeiter und leistungsfähige Unternehmer mit entwickelten Kernkompetenzen in der Betriebswirtschaft als *zentralen Baustein* für positive Zukunftsaussichten am Markt, postuliert, dass ein höheres Qualifikationsniveau *unabdingbar* sei und ruft zur Investition in Weiterbildung auf:[221] „Die beträchtliche Dynamik der Veränderungsprozesse *verlangt* zudem in einem permanenten Prozess des Lebenslangen Lernens zur Aktualisierung und Anpassung der eigenen Kenntnisse, Fähigkeiten und Fertigkeiten an veränderte Rahmenbedingungen *zu investieren*."[222]

Weiterbildung kann eine Möglichkeit für Mitarbeiterinnen und Mitarbeiter sein, sich für andere Tätigkeiten im Unternehmen zu qualifizieren. Das gilt aber auch für Tätigkeiten außerhalb des eigenen Unternehmens. Auch dort können die so erworbenen, neuen Qualifikationen gefragt sein. Während die Weiterentwicklung der Mitarbeiter und Mitarbeiterinnen im eigenen Unternehmen im Interesse des Arbeitgebers liegt, ist eine Investition in eine ‚weg-Qualifizierung' (meist) nicht im Sinne des Arbeitgebers. Welche Möglichkeiten hat ein Arbeitgeber hier seine Investition in die Weiterbildung seiner Mitarbeiter und Mitarbeiterinnen abzusichern? Bindungsklauseln in Arbeitsverträgen würden bspw. dazu verpflichten eine gewisse Zeit nach der Weiterbildung bei dem Arbeitgeber zu bleiben. Rückzahlungsklauseln besagen, dass der/die Arbeitnehmer/in die Fortbildungskosten in Teilen zurückzahlen muss, wenn er/sie vorzeitig den Arbeitgeber wechselt, da ihm sonst ein geldwerter Vorteil entstanden wäre. Gerade eine vertragliche Regelung ist aber vor dem Hintergrund der Berufsausübungsfreiheit (Grundgesetz für die Bundesrepublik Deutschland, Artikel 12)

---

221 Vgl. Eilzer 2008, S. 40.
222 Eilzer 2008, S. 40, Hervorhebungen nicht im Original.

schwierig. Die Verankerung von Bindungsklauseln und Rückzahlungsklauseln sind immer wieder Anlass für Anfragen bei Juristen.[223]

Auch der in den Interviews geäußerte Aufstiegswunsch der Mitarbeiter und Mitarbeiterinnen in Kombination mit den individuellen Weiterbildungsaktivitäten kann zur Folge haben, dass sich Unterschiede in der Qualifikation von Vorgesetztem und Mitarbeiter/in nivellieren. Zudem könnte die Forderung nach mehr Gehalt mit der erreichten, höheren Qualifikation einhergehen. Wer besser ausgebildet ist, möchte besser verdienen.

---

223 Vgl. bspw. Weigelt 2013.

9. Nutzungs- und Nichtnutzungsgründe von akademischen Weiterbildungsangeboten im Tourismus

Bei der Konzeption von Weiterbildungsangeboten fällt Hochschulen eine angebotsseitige Gestaltung oft leicht, da das inhaltliche Know-how bereits *im Haus vorhanden* ist und *lediglich* an den Markt gebracht werden muss. Eine Durchführung von gebührenpflichtigen Weiterbildungsangeboten an Hochschulen funktioniert aber nur dann, wenn auch ein Markt dafür vorhanden ist. Das heißt konkret, das Angebot muss bei Interessenten eine entsprechende Nachfrage generieren. Hilfreich ist dabei, wenn nicht nur Einzelpersonen die Offerte als geeignet für ihre persönlichen Ziele bewerten, sondern auch Unternehmen dieses als passend für ihre Mitarbeiter einschätzen und diese daraufhin zu genau diesem Weiterbildungsangebot schicken. Gebührenpflichtige Zertifikatskurse von Hochschulen müssen folglich aktuelle Bedarfe am Arbeitsmarkt decken und die Teilnehmenden nutzenstiftend qualifizieren. So kann das Weiterbildungsangebot von der nachfragenden Person bzw. dem nachfragenden Unternehmen für die Erfüllung der individuellen Zielsetzung positiv bewertet werden und – bei entsprechender Kostendeckung – nachhaltig am Markt positioniert werden.

Bei der Konzeption eines weiterbildenden Studiengangs ist es also entscheidend für den Erfolg nicht nur vom Angebot der Hochschule auszugehen, sondern vor allem die Nachfrageseite detailliert zu betrachten.[224] Daher haben sich die Studiengangsentwickler des Online-Masterstudiengangs Tourismusmanagement an der Fachhochschule Westküste mit der Frage auseinandergesetzt, welche Gründe für die Entwicklung eines berufsbegleitenden Weiterbildungsstudiums im Tourismus sprechen. Gleichzeitig wurde mit Blick auf onlinegestützte Hochschul-Weiterbildungsangebote erforscht, was Nicht-Nutzungsgründe von Hochschul-Weiterbildungsangeboten im Tourismus sind (vgl. auch die Ausführungen zu Chancen und Risiken in Kapitel 10). Dazu wurden Interviews geführt und aktuelle Literatur herangezogen, deren Auswertung auf den folgenden Seiten geschieht und in einer Zusammenfassung mündet. Das zugrunde gelegte Forschungsdesign ist in Kapitel 7 detailliert erläutert.

---

224 Zu Bedarf und Nachfrage wissenschaftlicher Weiterbildung und zur eher angebotsseitigen Vorgehensweise vieler Hochschulen siehe detailliert Hanft et al. 2016, S. 110–112.

Vorteile für Unternehmen

Für Unternehmen, die ihre Mitarbeiter auf akademischem Niveau weiterbilden möchten, liegen die Vorteile eines berufsbegleitenden Studiums auf der Hand. Die Angestellten erlernen im Rahmen des Studiums lösungsorientiert und analytisch mit Aufgaben umzugehen. Durch eine hohe Qualität der Lehrenden und den Anspruch von Hochschulen auf dem neusten Stand der Wissenschaft zu sein, bringen die Mitarbeiterinnen und Mitarbeiter des Unternehmens neues und aktuelles Wissen aus dieser Qualifizierungsmaßnahme mit in den Betrieb bzw. in die Destination. In berufsbegleitenden Studiengängen macht zudem die enge Verknüpfung von Beruf und Studium das Erlernte direkt im Unternehmen anwendbar und verbindet so Theorie und Praxis. Der Know-how-Transfer aus der Hochschule ins Unternehmen wird insbesondere durch das Studienformat des berufsbegleitenden Teilzeitstudiums gefördert. Die Angestellten lernen während des weiterbildenden Studiums die betrieblichen Abläufe in einen Gesamtzusammenhang zu setzen und ihre Kompetenzen auf diese Weise für die Unternehmensziele einzusetzen. Lernergebnisorientierung und detaillierte methodisch-didaktische Konzepte machen den Unternehmen die Qualifikationsziele einzelner Module transparent. Für den kompletten Studiengang übernimmt das schriftlich verfasste Qualifikationsprofil diese Funktion. So wissen Unternehmen, Absolventen und Absolventinnen genau, welche Ziele das Studium verfolgt und welche Kompetenzen erworben werden können.

Vorteile für Weiterbildungsteilnehmende

Die Vorteile für die Teilnehmenden liegen im individuellen Wissenszuwachs, im Erwerb neuer Fähigkeiten und in der Schärfung des eigenen Kompetenzprofils. Das Engagement sich weiterzubilden manifestiert sich darüber hinaus in einem formalen Nachweis, wie bspw. einer Teilnahmebescheinigung, einem Zertifikat oder einem Abschlusszeugnis. Dieses Dokument ist für jeden potenziellen Arbeitgeber ein erster Referenzpunkt zur Einschätzung der Qualifikation eines Bewerbers bzw. einer Bewerberin.

Des Weiteren liefern auch statistische Daten eine deutliche Vorteilsargumentation für den *Aufstieg durch Bildung*. Daten zu Beschäftigungsquoten und zum Lebensverdienst zeigen deutliche Vorteile für Akademiker. So sind Menschen mit Hochschulabschluss am wenigsten von Arbeitslosigkeit betroffen (siehe Abbildung 17). „Der durchschnittliche Lebensverdienst mit einem Hochschulabschluss liegt bei 2,3 Millionen Euro und somit rund eine Million höher als bei einer Person mit Berufsausbildung."²²⁵ Aber auch auf der individuellen Ebene lohnt sich ein Studium, da die Studierenden die Kompetenz erwerben, „eigenständig neue Fragestellungen nachprüfbar und methodisch fundiert bearbeiten zu können – eine Fähigkeit, die unerlässlich ist in einer modernen, sich ständig wandelnden Arbeitswelt."²²⁶

*Abbildung 17: Arbeitslosenquote mit und ohne Hochschulabschluss*²²⁷

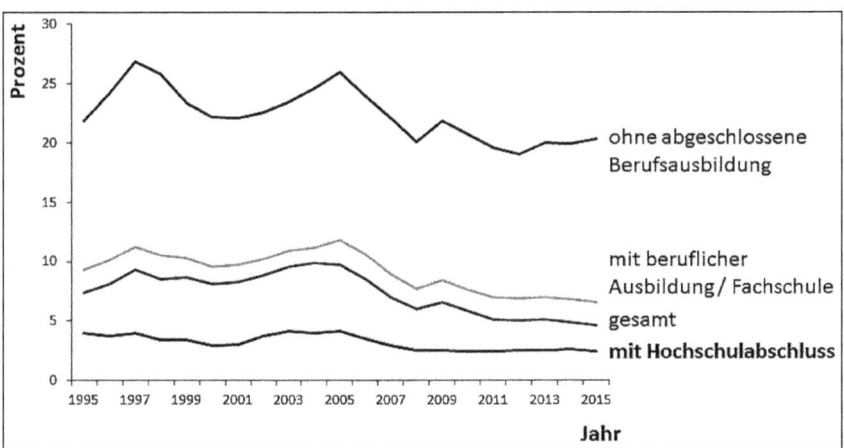

Trotz guter Gründe für Berufstätige ein Studium aufzunehmen, scheinen aber Hemmnisse zu bestehen. Für das Gebiet des Tourismusmanagements wurde entsprechend die Forschungsfrage formuliert: Was sind die Nicht-Nutzungsgründe onlinegestützter Hochschul-Weiterbildungsangebote im Tourismus?

Nicht-Nutzer einer Online-Weiterbildungsmaßnahme können als Befragte aber nur schwer identifiziert werden, wenn ihrer ausbleibenden Nutzung nicht zuvor zumindest eine Nutzungsintention – bspw. durch eine Anmeldung zu einer Online-Weiterbildungsmaßnahme – vorausging. Der Förderrahmen des Forschungs- und Entwicklungsprojekts LINAVO, in dessen Rahmen diese Forschungsfrage untersucht wird, ermöglichte jedoch keine Einschreibung von Studierenden während der Projektlaufzeit. Um einen ersten Ansatz zu Nicht-Nutzungsgründen von Weiterbildungsangeboten im Tourismus zu erlangen,

---

225 Dräger und Ziegele 2014, S. 9.
226 Dräger und Ziegele 2014, S. 9.
227 Grafik auf Basis der Daten des Instituts für Arbeitsmarkt- und Berufsforschung (Hg.) 2016, S. 3.

wurden daher qualitative Leitfadeninterviews mit Touristikern geführt (siehe Kapitel 7). Die Ergebnisse werden im Folgenden im Detail dargestellt.

Hemmnisse

Auf die Frage, welche Hemmnisse es hinsichtlich der Nutzung von Weiterbildungsangeboten gibt, sind das Tagesgeschäft und der betriebliche Ablauf in der saisonal geprägten Tourismusbranche das meist genannte Kriterium der Nicht-Nutzung von Weiterbildung. Eng damit verbunden sind Nennungen zum Zeitmangel, wie bspw. die Aussage einer Geschäftsführung eines Reiseveranstalters zeigt: „Erstmal die Zeit. […] Zeit ist sowieso knapp bemessen im Tagesablauf und da ist es immer schwierig, eine Schulung […] oder eine Weiterbildung unterzubringen."[228] Das Zeitproblem resultiert bei vielen Befragten primär aus saisonbedingten oder auch generell langen Arbeitszeiten oder aus persönlichen Verpflichtungen. Es lässt sich in den Aussagen der Interviewpartner/innen erkennen, dass zwischen dem erlebten Zeitmangel und den Anforderungen des Tagesgeschäfts eine deutliche Relation besteht.

Oft wird aber auch ein mangelndes Interesse an Weiterbildung genannt. Ein Hotelier aus Schleswig-Holstein schildert explizit das ausbleibende Weiterbildungsinteresse seiner Branchenkollegen: „Hemmnisse gibt es in Schleswig-Holstein ganz speziell, weil viele Kollegen in Schleswig-Holstein die Angebote […] nicht nutzen. […] Wir hatten sogar mal drei Mitarbeiter angemeldet und trotzdem sind die Kurse nicht zustande gekommen, weil meine lieben Kollegen das nicht nutzen, das Angebot. […] Wir mussten dann die Mitarbeiter nach Süddeutschland schicken."[229] Eine Branchenkollegin begründet solche Absagen mit dem Tagesgeschäft: „In unserem Bereich ist es sehr schwierig. […] Wenn wir uns einen Termin […] ausschauen, sei es für eine interne Schulung oder auch für externe Schulungen, und wir bekommen entsprechendes Geschäft hier ins Hotel, was wir einfach wahrnehmen müssen, weil niemand kann ja mehr heutzutage darauf verzichten, ist es häufig so, dass wir die Weiterbildung absagen müssen, weil wir die Mitarbeiter im Unternehmen benötigen."[230] Interessant in diesem Zusammenhang ist, dass alle Befragten zu Beginn des Interviews betonen, wie wichtig ihnen Weiterbildung sei. Die Nennungen reichen von „wichtig" über „sehr wichtig" und „zentrales Thema" bis hin zu „ganz wichtig" und „das Wichtigste überhaupt" (siehe dazu auch die Ausführungen zur Wichtigkeit von Weiterbildung in Kapitel 8).

---

228 Interviewpartner #18, Interview (telefonisch), FH Westküste, 14.08.2013.
229 Interviewpartner #16, Interview (telefonisch), FH Westküste, 29.07.2013.
230 Interviewpartner #15, Interview (telefonisch), FH Westküste, 07.08.2013.

Zum einen zeigt dies, dass Weiterbildung zwar als wichtig, aber nicht als dringlich (gegenüber dem Tagesgeschäft) angesehen wird und damit bei einer Einordnung in eine Wichtigkeit-Dringlichkeits-Matrix (Eisenhower-Matrix) nicht die erste Priorität hat (siehe Abbildung 18). Zum anderen ist es aber auch möglich, dass eine positive Einschätzung der Bedeutung von Weiterbildung sozial erwünscht ist. Das hieße, dass die Befragten bei der Frage nach der Wichtigkeit von Weiterbildung nicht ihre tatsächliche Einschätzung wiedergegeben haben, sondern eine erwartete Antwort gegeben haben. So kann die Beantwortung dieser Eingangsfrage auch methodisch zu Verzerrungen geführt haben.

Abbildung 18: Eisenhower-Matrix[231]

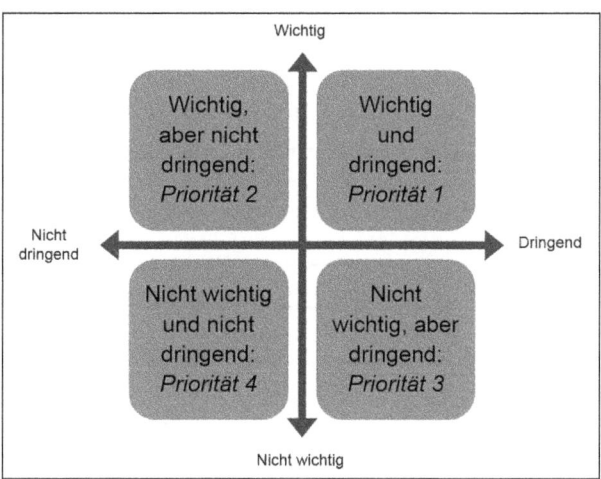

Eine befragte Destinationsmanagerin analysiert ausbleibendes Interesse an Weiterbildung auf individueller Ebene: „Weiterbildung ist ja immer etwas, das in erster Linie dem Arbeitgeber nutzen soll – deswegen fördern wir das ja auch – und insofern sieht manchmal der Mitarbeiter den Nutzen für sich persönlich nicht und ist dann nicht unbedingt bereit, das dann noch über die Arbeitszeit hinaus zu machen."[232] Die eingangs bereits zitierte Geschäftsführung eines Reiseveranstalters differenziert: „Einige Mitarbeiter sträuben sich – oder ‚sträuben' ist vielleicht der falsche Ausdruck – aber sind weniger begeistert von einer Weiter-

---

231 Eigene Darstellung. Die Matrix ist benannt nach Dwight D. Eisenhower, 34. Präsident der USA (1953 bis 1961).
232 Interviewpartner #25, Interview (telefonisch), FH Westküste, 15.08.2013.

bildung oder Weiterqualifizierung. Und andere freuen sich, nehmen das dankbar an und das wirkt auch motivierend."[233]

Weitere Gründe der Nicht-Nutzung sind zudem schlechte oder räumlich zu weit entfernte Angebote und kein verfügbares Budget für Weiterbildungsmaßnahmen. Ebenfalls wird zu wenig Personal für die Übernahme von Aufgaben im Tagesgeschäft als Grund angegeben Mitarbeiter nicht zu Weiterbildungsveranstaltungen zu entsenden. Prüfungsangst und ein limitiertes Platzangebot als Hemmnis für eine Teilnahme an einem Weiterbildungsangebot werden jeweils nur einmal genannt.

Zusammenfassung

Abbildung 19 stellt die Hemmnisse an Weiterbildungen teilzunehmen noch einmal zusammen. Dabei stellen das Tagesgeschäft und der betriebliche Ablauf in der saisonal geprägten Tourismusbranche und der damit verbundene, erlebte Zeitmangel die größte Hürde für Weiterbildungsteilnahmen dar.

Abbildung 19: Hemmnisse hinsichtlich der Nutzung von Weiterbildung[234]

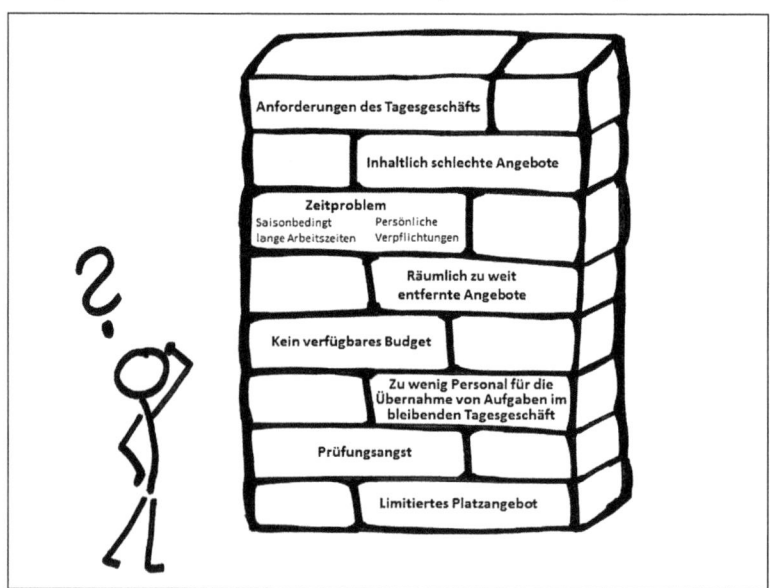

---

233 Interviewpartner #18, Interview (telefonisch), FH Westküste, 14.08.2013.
234 Eigene Darstellung; Erstellung: Sarah Müsch.

Rahmenbedingungen und Mindestanforderungen

In der zweiten und vierten Frage des Themenblocks zu Nutzungsgründen von Weiterbildung wurden die Rahmenbedingungen und Mindestanforderungen abgefragt, die für eine Teilnahme erforderlich sind. Die konkreten Fragestellungen lauten: Wie muss ein Weiterbildungsangebot gemacht sein, damit Sie daran teilnehmen können? (Bzw. für Führungskräfte: Wie muss ein Weiterbildungsangebot gemacht sein, damit Ihre Mitarbeiter daran teilnehmen können?) – sowie: Was muss ein Weiterbildungsangebot erfüllen, damit Sie daran teilnehmen können?

Falls die Befragten auf letztere Frage noch nicht umfassend geantwortet haben, wurde versucht, einzelne Aspekte herauszuarbeiten, die in der eingangs gestellten Frage zu den Rahmenbedingungen noch nicht genannt wurden. Dazu wird gefragt, was bspw. organisatorisch oder inhaltlich erfüllt sein müsse. Bei der gelegentlichen Nachfrage, was methodisch erfüllt sein müsse, wird die Kompetenz dieses zu bewerten an die Bildungsinstitution zurückgespielt oder pauschal geantwortet, wie bspw. dass sich manche Inhalte nicht interaktiv gestalten ließen, sondern in Form von Frontal-Unterricht laufen müssten, da die Wissensvermittlung sonst zu zeitintensiv wäre.[235]

Bei der Frage, wie ein Weiterbildungsangebot gemacht sein muss, ist den Befragten für die Teilnahme an einem Weiterbildungsangebot vor allem das Einpassen der Weiterbildung in den betrieblichen Tagesablauf wichtig. Die thematische Passung und die räumliche Entfernung des Angebots vom Standort des Unternehmens folgen als weitere Rahmenbedingungen (siehe Abbildung 20).

Abbildung 20: Rahmenbedingungen und Mindestanforderungen[236]

Rahmenbedingungen und Mindestanforderungen

- Einpassen der Weiterbildung in den betrieblichen Tagesablauf
- Thematische Passung
- Qualitativ hochwertige Dozentinnen und Dozenten
- Qualitativ hochwertige Veranstaltungen
- Räumliche Entfernung des Angebots vom Unternehmensstandort

---

235 Vgl. Interviewpartner #17, Interview (telefonisch), FH Westküste, 02.08.2013.
236 Eigene Darstellung.

Einige Befragte berichten daher von guten Erfahrungen mit Inhouseseminaren und -schulungen.[237] Einzig für vier der 26 Befragten ist der Veranstaltungsort explizit kein Merkmal des Angebots, das für die Nutzung ausschlaggebend ist. Ein Vertreter aus einer übernachtungsstarken Destination sagt: „Also im Prinzip spielt es erstmal keine Rolle, ob es eine Inhouseschulung ist, oder ein E-Learningprogramm oder ob es in Berlin, Frankfurt oder Zürich stattfindet […]. Das ist […] kein Kriterium."[238] Ein Interviewpartner von einer großen Hotelkette sagte, dass Weiterbildungen „europaweit angeboten [werden], da gibt es nur zwei oder drei Trainer, die das machen und die sind […] immer in verschiedenen Städten. [In] meinem Team sind wir insgesamt zehn Leute, da kann es sein, dass der eine nach Frankfurt muss, der andere war aber in Warschau […]."[239] Eine Übersicht bietet die Abbildung 21 und veranschaulicht so, warum die räumliche Frage bei E-Learning in den Hintergrund tritt.

Die Frage, was ein Weiterbildungsangebot erfüllen müsse, unterstreicht vor allem die thematische Passung, qualitativ hochwertige Dozenten und Veranstaltungen sowie erneut die Ortsnähe des Angebots als Voraussetzungen für eine Teilnahme. Immer wieder wird in diesem Kontext aber auch der Wunsch geäußert, dass es ermöglicht wird „mit Personen in den Austausch zu gehen mit denen man sonst eher weniger zu tun hat."[240] Ein Befragter führt aus: „Da ist es auch wichtig – neben dem Aspekt der reinen Weiterbildung – […] mit Kollegen in Kontakt zu kommen, die in anderen Regionen mit ähnlichen Projekten und Problemen zu kämpfen haben, um auch über die Weiterbildung hinaus ggf. einen Austausch zu haben. Das wäre so meine Wunschvorstellung."[241] Die befragte Geschäftsführung einer Destination sieht in Weiterbildungen sogar die Chance eines positiven Effekts für das Betriebsklima: „[Es] ist für unsere Mitarbeiter eine große Motivation, sich mit anderen zu benchmarken in den Fortbildungen, auch was Arbeitsbedingungen z. B. angeht, die meisten Mitarbeiter kommen nach Hause und freuen sich, dass Sie hier bei uns […] in diesem Team […] für diese Destination arbeiten. Das motiviert viele Mitarbeiter, auch wenn man manchmal den Wald vor lauter Bäumen nicht sieht, und das ist ein positiver Nebeneffekt."[242]

---

237 Unter einem *Inhouse*seminar versteht man eine Schulung oder Weiterbildungsveranstaltung, die in den Räumlichkeiten des Unternehmens selbst stattfindet.
238 Interviewpartner #11, Interview (telefonisch), FH Westküste, 09.08.2013.
239 Interviewpartner #6, Interview (telefonisch), FH Westküste, 06.08.2013.
240 Interviewpartner #11, Interview (telefonisch), FH Westküste, 09.08.2013.
241 Interviewpartner #12, Interview (telefonisch), FH Westküste, 30.07.2013.
242 Interviewpartner #13, Interview (telefonisch), FH Westküste, 29.07.2013.

Abbildung 21: Räumliche Entfernung des Weiterbildungsangebots[243]

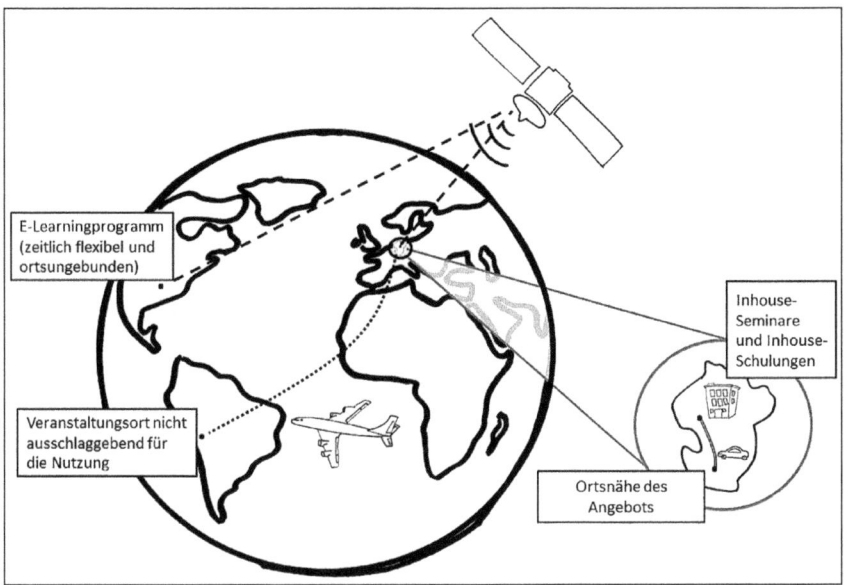

Aus den im vorherigen Kapitel genannten Hemmnissen (Priorität des Tagesgeschäfts, resultierender Zeitmangel) zur Nutzung von Weiterbildungsmaßnahmen im Tourismus ergeben sich recht organisch die Wünsche der Befragten. Die Geschäftsführung aus einer besonders für die Sommermonate bekannten Destination fordert als Teilnahmevoraussetzung: „Es muss vor allem in der touristischen Nebensaison stattfinden. Das nützt uns überhaupt nichts, wenn wir Weiterbildung haben im Zeitraum Mai bis August, da kann keiner hier sich tageweise freinehmen, um Weiterbildung zu machen; oder es muss halt so gestaltet sein, dass man das eben in den Abendstunden machen kann und dann können es halt nur Angebote sein, wo der Mitarbeiter tatsächlich auch einen persönlichen Nutzen für sich sieht."[244] Der Geschäftsführer eines Reisemittlernetzwerks grenzt dies eher auf Wochentage ein: „Es sollte zeitlich günstig liegen, also Freitag oder Donnerstagnachmittags auch gerne."[245] Eine Beraterin in der Hotellerie sagt auf die Frage, wie ein Weiterbildungsangebot gemacht sein

---

243 Eigene Darstellung; Erstellung: Sarah Müsch.
244 Interviewpartner #25, Interview (telefonisch), FH Westküste, 15.08.2013.
245 Interviewpartner #17, Interview (telefonisch), FH Westküste, 02.08.2013.

müsse: „Kurz und knackig [...], also effektiv in jedem Fall und nach Möglichkeit nicht so weit entfernt."[246]

Über die qualitative Forschungsmethodik konnten die Rahmenbedingungen und Mindestanforderungen gut identifiziert werden (siehe Abbildung 20). So lässt sich ein Eindruck gewinnen, welche Themen für viele Experten relevant sind. Der individuelle Zuschnitt des Angebots auf den Betrieb wird elf Mal genannt, die Forderung nach qualitativ hochwertigen Dozenten und Veranstaltungen acht Mal. Kriterien wie preisliche Attraktivität und inhaltlicher Mehrwert werden dagegen interessanterweise nur drei bzw. fünf Mal explizit genannt. Es ist aber anzunehmen, dass diese letzten beiden Kriterien zur Basisqualität eines Weiterbildungsangebots gehören, d. h. vorausgesetzt werden, und daher an dieser Stelle von vielen Befragten nicht ausdrücklich genannt wurden (siehe auch die Ausführungen zur Basisqualität und Erwartungshaltung an ein Weiterbildungsangebot in Kapitel 10).

Verfügbare Zeit für Weiterbildung

Für einen ersten Einblick in verfügbare Zeitbudgets für Weiterbildung wurden diese bei den interviewten Branchenvertretern nochmal explizit abgefragt: „Wie viel Zeit könnten Sie einrichten, um an einer Weiterbildung teilzunehmen?"

Die Ergebnisse weisen interessante Ausgangspunkte für weitere Fragestellungen auf, insbesondere, wenn diesen ein quantitativer Ansatz zugrunde liegt. Interessant wäre bspw. ob die zur Verfügung stehende Zeit für Weiterbildung bei Führungskräften tatsächlich größer ist.

Abbildung 22: Zeitbudget für Weiterbildung pro Jahr[247]

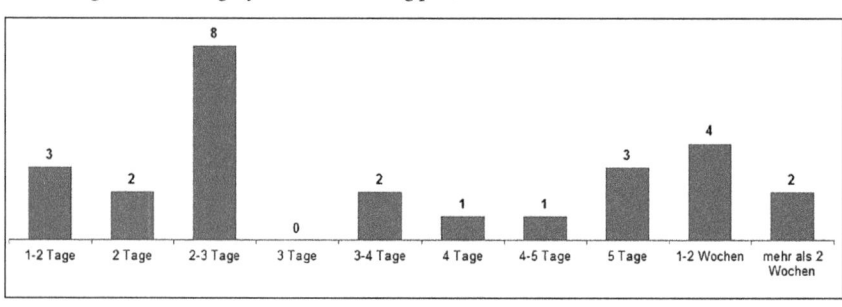

---

246 Interviewpartner #4, Interview (telefonisch), FH Westküste, 02.08.2013.
247 Eigene Darstellung der Nennungen (n = 26) auf Basis der geführten Interviews.

Den Befragten wurde offengelassen, welche Bezugseinheit sie wählen. Alle Befragten wählten das Jahr als Bezugsrahmen für Weiterbildungszeit. Die Abbildung 22 zeigt die Verteilung der einzelnen Nennungen der 26 Befragten.

Ein Teil der Befragten hat bis zu drei Tage im Jahr verfügbar, der andere unterteilt sich in jene, die zwischen drei und fünf Tage, und jene, die mehr als fünf Tage für Weiterbildung im Jahr verfügbar haben. Dabei besteht letztere Gruppe ausschließlich aus Führungskräften, deren Berufserfahrung als Führungskraft mit vier Jahren aufwärts angegeben wurde. Für eine repräsentative Aussage zu dieser Häufigkeitsverteilung müsste diese Frage aus der vorliegenden qualitativen Befragung im Rahmen einer quantitativen Erhebung überprüft werden.

Diskussion: Hemmnisse der Teilnahme trotz guter Gründe

Die Befragung zu Nutzungs- und Nichtnutzungsgründen von Weiterbildungsangeboten im Tourismus zeigt, dass die Nicht-Nutzung von Weiterbildung von den befragten Experten aus dem Tourismus meist mit dem erlebten Zeitmangel, den Anforderungen des Tagesgeschäfts und einem ausbleibenden Interesse an Weiterbildung begründet wird (vgl. auch Hemmnisse in Abbildung 19). Gleichzeitig berichten die Befragten über Mitarbeiter und Mitarbeiterinnen, die an Weiterbildungen teilnehmen: „[Sie] freuen sich, nehmen das dankbar an und das wirkt auch motivierend."[248] Mitarbeiter und Mitarbeiterinnen, die Anerkennung erfahren für das, was sie in einer Weiterbildungsmaßnahme erlernt haben, werden in ihrem Handeln bestärkt.

Auch die zu Beginn dieses Kapitels genannten guten Gründe, sowohl aus Unternehmenssicht, als auch aus der persönlichen Perspektive der Mitarbeiter, sprechen für eine systematische Verankerung von Weiterbildung in der Personalentwicklung. Darüber hinaus zeigen die Interviews aber auch auf, dass es Schwierigkeiten beim Einpassen der Weiterbildung in den betrieblichen Tagesablauf gibt, der Vorrang habe. Dieses Phänomen tritt laut Wegerich auf, wenn „Qualifizierungsmaßnahmen in der Praxis nicht in ein strategisches Gesamtkonzept von Weiterbildung und Unternehmenszielen eingebunden sind. Damit sind die Wirksamkeit und der Erfolg für den Unternehmensnutzen eingeschränkt."[249] Der gestiegene Konkurrenzdruck bringt die Führungskräfte in die Situation Geschäfte annehmen zu müssen, „weil niemand kann ja mehr heutzutage darauf verzichten."[250] So bleibt die strategische Weiterentwicklung des Personals des

---

248 Interviewpartner #18, Interview (telefonisch), FH Westküste, 14.08.2013.
249 Wegerich 2015, S. 248.
250 Interviewpartner #15, Interview (telefonisch), FH Westküste, 07.08.2013.

Unternehmens bzw. der Destination hinter dem Tagesgeschäft zurück (vgl. auch Eisenhower-Matrix in Abbildung 18).

Recht deutlich belegt dies auch die im Kapitel 6 zitierte Erhebung des Statistischen Bundesamtes zu Weiterbildung in Unternehmen.[251] Im Vergleich der ausgewiesenen Wirtschaftsbereiche sind die Teilnahmestunden je Teilnehmenden im Wirtschaftsbereich Gastgewerbe mit 12 Stunden pro Jahr am geringsten.

Die ausbleibende Nutzung von Weiterbildung, weil zu wenig Personal verfügbar sei, ist nachvollziehbar, wenn man die Gesamtkosten einer Weiterbildung betrachtet. „Den größten Anteil an den Weiterbildungskosten bildeten mit 49 % die Personalausfallkosten, das heißt die Lohnkosten der Teilnehmerinnen und Teilnehmer."[252] Demgegenüber fallen die Kosten für Räume und Ausstattung, Unterrichtsmaterial und Reisekosten, von denen gerade letztere häufiger in den geführten Interviews genannt sind, verhältnismäßig wenig ins Gewicht, so das Statistische Bundesamt. „32 % der Kosten entfielen auf Zahlungen und Gebühren an Weiterbildungsanbieter sowie Kosten für externes Weiterbildungspersonal in internen Veranstaltungen. Vergleichsweise geringe Kosten (11 %) entstanden den Unternehmen für internes Weiterbildungspersonal. 8 % entfielen auf Kosten für Räume und Ausstattung, Unterrichtsmaterial und Reisekosten."[253]

Die resultierende Begründung einer Nicht-Nutzung von Weiterbildung aufgrund der nicht vorhandenen budgetären Ausstattung dafür ist insofern nachvollziehbar. Sie birgt aber die Gefahr einer negativen Auswirkung dieser ausbleibenden Investition auf eine marktfähige Weiterentwicklung des Unternehmens, insbesondere da das Personal bei touristischen Dienstleistungen ein essentieller Produktionsfaktor ist.

Geografische Rahmenbedingungen, wie die räumliche Entfernung des Weiterbildungsangebots vom Standort des Unternehmens, sollten die strategische Personalentwicklung nicht zu stark einschränken, wenn für diese Themen auch Inhouseseminare und -schulungen, E-Learning- und *learning-on-the-job*-Konzepte in Frage kommen (siehe Globusdarstellung zur räumlichen Entfernung in Abbildung 21). Unabhängig von der Darbietungsform der Weiterbildungsinhalte ist die thematische Passung und Anwendungsorientierung von Weiterbildung von Bedeutung, um eine Effektivität der Anwendung des Gelernten am Arbeitsplatz zu erreichen. Allerdings steht dies „häufig bei der Konzeption der

---

251 Vgl. Statistisches Bundesamt (Hg.) 2014b, S. 12.
252 Statistisches Bundesamt (Hg.), Pressestelle (03.05.2013).
253 Statistisches Bundesamt (Hg.), Pressestelle (03.05.2013).

Maßnahme nicht im Mittelpunkt der Überlegungen. Dies begründet die Gefahr von Transferverlusten."[254]

Eine Verlagerung von Weiterbildung in die touristische Nebensaison – insbesondere für Weiterbildungsangebote, die in Präsenz stattfinden, oder für Präsenzveranstaltungen im Rahmen von Blended-Learning-Angeboten – ist zielführend. Aber auch die Aussage, es müsse „halt so gestaltet sein, dass man das eben in den Abendstunden machen kann"[255] birgt Potenzial (vgl. Abbildung 23). Ob es Abendstunden, Morgenstunden, Wartezeiten an Flug- und Bahnhöfen oder Pendelzeiten in Bus, Bahn oder Tram sind, eine flexible Verlagerung der Weiterbildung in diese Zeiten erfordert, dass der/die Mitarbeiter/in den Nutzen für sich persönlich erkennt und die Weiterbildung nicht ‚nur für das Unternehmen' macht (siehe auch die Erläuterungen zu Lernmotiven in Kapitel 4).

Abbildung 23: Zeit für Weiterbildung[256]

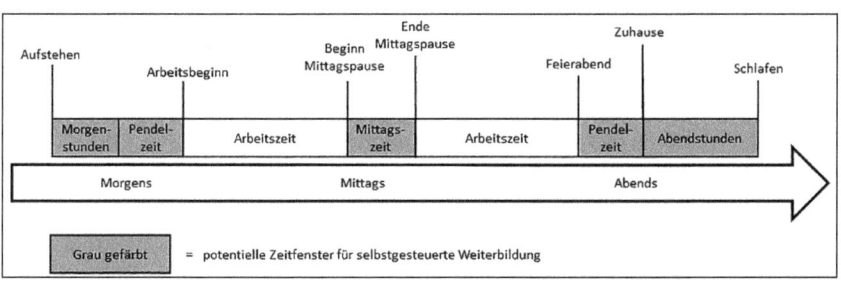

Sieht der Weiterbildungsteilnehmende den persönlichen Nutzen, dann ist die Motivation der Teilnahme nicht allein extrinsisch angeregt, sondern basiert auch auf einer intrinsischen Motivation. Im Zusammenhang von Lernmotivation und Zielorientierung von Lernaktivitäten wurden von Dweck und Leggett zwei Zielorientierungen des Lernens als wichtig erachtet – die *learning-* bzw. *mastery goal orientation* und die *performance goal orientation:* „Im ersten Fall strebt die Person Lernzuwächse an, weil sie auf diesem Gebiet mehr wissen und verstehen will. Ihr Ziel ist also der *Erwerb* von Kompetenzen. Im zweiten Fall geht es der Person um die *Demonstration* von Kompetenzen. Sie will anderen zeigen, dass sie mehr kann und besser ist als andere."[257] Der Wunsch sich weiterzubilden, Kompetenzen

---

254 Wegerich 2015, S. 248.
255 Interviewpartner #25, Interview (telefonisch), FH Westküste, 15.08.2013.
256 Eigene Darstellung.
257 Rheinberg 2004, S. 15. Basierend auf dem Beitrag von Dweck und Legett 1988.

aufzubauen und so die Gestaltung „individueller Lebens- und Arbeitschancen"[258] aktiv in die Hand zu nehmen, ist eine nachvollziehbare Motivation. Aber auch die zweite Zielorientierung wurde von einer Interviewpartnerin angesprochen: „[Es] ist für unsere Mitarbeiter eine große Motivation sich mit anderen zu benchmarken."[259] Der Austausch im Rahmen von Weiterbildungsveranstaltungen dient also – neben dem Kompetenzerwerb und Zielen wie Netzwerkbildung mit Kolleginnen und Kollegen, „die in anderen Regionen mit ähnlichen Projekten und Problemen zu kämpfen haben"[260] – auch dem Vergleich mit genau diesen fachlich gleich orientieren Spezialisten der Wettbewerber.

Zusammenfassung

Der erlebte Zeitmangel, sei es saisonbedingt oder auch generell begründet durch lange Arbeitszeiten oder persönliche Verpflichtungen, lässt sich als Nicht-Nutzungsgrund für Weiterbildungsangebote jeglicher Art nicht ausräumen. Die Erkenntnis aber, dass Weiterbildung eine strategische Investition in das eigene Unternehmen, in die eigene Person oder insgesamt in die (touristische) Region ist, stellt den Zeitmangel des operativen Geschäfts in einen längerfristigen Kontext. Denn Unternehmen laufen ohne Investition in Weiterbildung Gefahr ihre strategischen Ziele nicht mit ihren Mitarbeitern erreichen zu können. Diese wiederum sehen sich auch auf individueller Ebene in Schwierigkeiten, die aktuelle Entwicklungen, Trends und Technologien in ihrer Arbeit berücksichtigen zu können. So bliebe in der Konsequenz mittelfristig eine ganze Region hinter der Entwicklung des Marktes zurück.

Zeitmangel als Nicht-Nutzungsgrund wird operativ erlebt, aber strategisch induziert. Eine Priorisierung der Weiterbildung gegenüber anderen Aktivitäten beim individuellen Lerner, beim lernenden Unternehmen bzw. bei der lernenden Region[261] ist der Schlüssel hier entgegenzuwirken. In den Worten des Bundesministeriums für Bildung und Forschung klingt es so: „Die Verwirklichung des Lernens im Lebenslauf ist entscheidend für die Perspektive des Einzelnen, den Erfolg der Wirtschaft und die Zukunft der Gesellschaft."[262]

---

258 BMBF 2015d.
259 Interviewpartner #13, Interview (telefonisch), FH Westküste, 29.07.2013.
260 Interviewpartner #12, Interview (telefonisch), FH Westküste, 30.07.2013.
261 Zum Thema „Lernende Regionen" siehe bspw. Saretzki et al. 2002.
262 BMBF 2015d.

10. Erwartungshaltung an akademische Online-Weiterbildungsangebote im Tourismus

C/D-Paradigma

Die Erwartungshaltung an eine Dienstleistung beeinflusst maßgeblich die wahrgenommene Zufriedenheit des Kunden mit eben dieser. Das theoretische Modell dafür ist das in der Literatur zur Kundenzufriedenheit oft angeführte C/D-Paradigma[263] (engl. *confirmation-disconfirmation-paradigm*), das auch in der folgenden Abbildung 24 dargestellt wird. Im Falle von Weiterbildungsangeboten ist der potenzielle Kunde[264] ein Weiterbildungsinteressierter mit individuellen, subjektiven Erwartungen an diese Dienstleistung. Der Abgleich der Erwartungshaltung mit der erlebten Dienstleistung geschieht im Verlauf des Dienstleistungsprozesses (siehe Abbildung 25). Der erwartete Soll-Zustand, auch Vergleichsstandard genannt, wird mit dem vorgefundenen Ist-Zustand, hier also der erlebten Weiterbildung, kontinuierlich abgeglichen und so bestätigt *(confirmation)* oder widerlegt *(disconformation)*.

Während eine exakte Bestätigung das *Konfirmationsniveau der Zufriedenheit* markiert, kann eine Diskonfirmation sowohl positiver Art (Übertreffen), als auch negativer Art sein (d.h. unter dem Konfirmationsniveau liegen). Hieraus resultiert Zufriedenheit *über* bzw. *auf* Konfirmationsniveau oder Unzufriedenheit *unter* Konfirmationsniveau (siehe Abbildung 24).

---

263 Vgl. Homburg 2008, S. 19.
264 Während in den Wirtschaftswissenschaften von *Kunden* gesprochen wird, nutzt die Pädagogik bei Lernprozessen gerne den Begriff *Partner* für den Lernenden, um zu verdeutlichen, dass es sich hier um einen gemeinsam gestalteten Prozess handelt.

Abbildung 24: C/D-Paradigma[265]

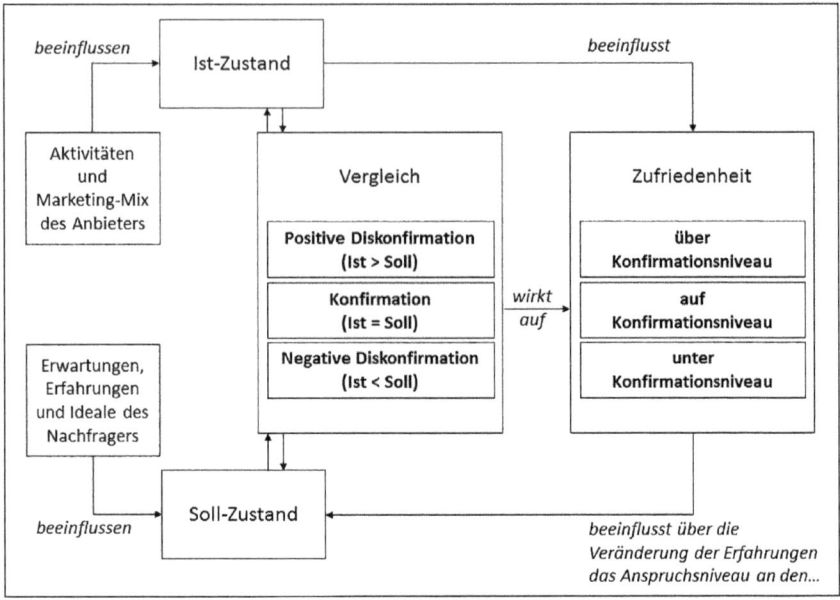

Prozessmodell der Dienstleistungserstellung

Der Weiterbildungsinteressierte trifft im Rahmen dieses Prozesses an verschiedenen Kontaktpunkten auf den Anbieter. Im Vorfeld entstehen Transaktionskosten im Sinne der Transaktionskostentheorie[266] – zunächst in Form von Suchkosten und Informationskosten beim Interessenten. Die Theorie geht von der Annahme aus, dass es in unserer komplexen Welt nicht möglich sei, eine Entscheidung auf Basis vollständiger Informationen treffen zu können. Der Kauf (in diesem Fall eines Weiterbildungsangebots) ist für den Interessenten also mit Unsicherheiten behaftet. Durch seine Investition in eine Informationssuche versucht er Unsicherheiten zu minimieren. Demzufolge entstehen bei den Weiterbildungsinteressierten Kosten hauptsächlich in Form einer Investition von Zeit zur Informationsbeschaffung. Gesucht werden u. a. Informationen zu Lernergebnissen, Inhalten, Kosten und weiteren Rahmenbedingungen der Weiterbildung (siehe Abbildung 25, Nachfragerseite).

---

265 Eigene Darstellung in Anlehnung an Homburg 2008, S. 21.
266 Zu Transaktionskosten siehe u. a. Jensen und Meckling 1976; Williamson 1990 sowie auch Coase 1937, S. 386–405 als Vordenker dieser Ansätze.

In dieser Phase trifft der Interessent auf das zur Verfügung gestellte Informations- und Beratungsangebot des Weiterbildungsanbieters. Dieser hat sich gemäß des *Prozessmodells der Dienstleistungserstellung*[267] auf die Informationssuche des Nachfragers vorbereitet. Diese Vorarbeit wird als Potenzialphase bezeichnet (siehe ebenfalls Abbildung 25, Anbieterseite).

Die Ausgestaltung des Informationsangebots ist vielfältig. Sie reicht von Informationen im Internet über Flyer, Broschüren und lancierte Presseartikel bis hin zu Auftritten auf Messen und anderen Veranstaltungen. Zu Informationen im Internet gehören u. a. die Webseite, die mobile Seite oder die App des Anbieters, Profile des Anbieters auf themenspezifischen Portalen, Informationen zum Anbieter und zum Angebot in Foren, eine Präsenz des Anbieters in sozialen Netzwerken und auf Videoplattformen.

So spricht der Anbieter die Interessenten nicht nur direkt (*face-to-face*) an, sondern auch durch die Wort- und Bildsprache seiner Kommunikationsmedien. Zudem kommuniziert der Anbieter auch mit und durch seine Multiplikatoren (wie bspw. ehemalige Teilnehmer der Weiterbildung, gut vernetzte Branchenvertreter, die diese Weiterbildung für wichtig halten oder Medienvertreter).

Auf Seiten des Anbieters entstehen in der Potenzialphase Kosten für alle Bereiche des Marketing-Mixes – von Werbung und Beratung (Gehalt des beratenden Ansprechpartners) über Standkosten auf Messen und Veranstaltungen bis hin zu weiteren Kommunikationskosten bspw. für Porto und Telefon. Darüber hinaus hält der Anbieter Dozentinnen und Dozenten für die Durchführung des Weiterbildungsangebots vor, so dass die Dienstleistung entstehen kann, sobald sich der Weiterbildungsinteressierte in den Produktionsprozess einbringt (Prozessphase). Genauso wie im Erstellungsprozess einer touristischen Leistung „hohe Anforderungen an die fachliche und soziale Kompetenz des im unmittelbaren Gästekontakt stehenden Personals"[268] gestellt werden, werden diese Ansprüche auch gegenüber den – in häufigen Interaktionsprozessen mit den Weiterbildungsteilnehmern stehenden – Dozentinnen und Dozenten erhoben. Grund dafür ist, dass die Nutzenstiftung für die Teilnehmenden der Weiterbildung zum einen maßgeblich im Prozess des Austauschs mit dem Dozenten/der Dozentin geschieht. Zum anderen wird in Form der neu aufgebauten Kompetenzen sowie in Form eines offiziellen Nachweises, wie bspw. einer Teilnahmebescheinigung, einem Zertifikat oder einem Abschlusszeugnis (Ergebnisphase) nachhaltiger Nutzen gestiftet.

---

267 Siehe dazu bspw. Eisenstein 2014, S. 105 oder Meffert und Bruhn 2009, S. 18.
268 Eisenstein 2014, S. 106.

Abbildung 25: Kombiniertes Phasenmodell zu Prozess, Transaktion und Zufriedenheit[269]

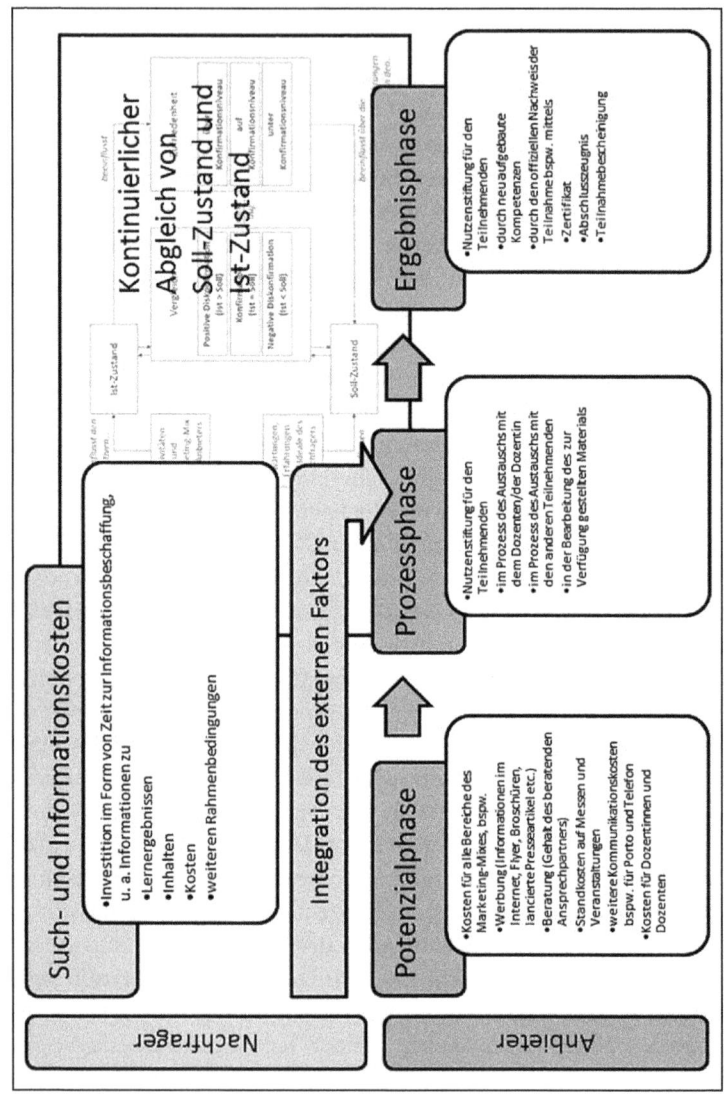

---

269 Eigene Darstellung in Anlehnung an das Prozess-Modell der Dienstleistungserstellung, siehe bspw. Eisenstein 2014, S. 105 und Hilke 1989, S. 15, an die Transaktionskostentheorie, siehe u. a. Jensen und Meckling 1976 sowie Williamson 1990 und das eingangs skizzierte C/D-Paradigma, siehe Homburg 2008, S. 21.

Die Erwartungshaltung an ein Weiterbildungsangebot wird also durch die im Kontext des Marketing-Mixes durchgeführten Aktivitäten des Anbieters beeinflusst. Darüber hinaus haben die Weiterbildungsinteressenten nicht nur Zeit aufgewendet, das heißt Suchkosten in Kauf genommen, die sich auszahlen sollen, sondern sie bringen auch individuelle Vorerfahrungen mit dem Thema Weiterbildung mit, die Einfluss auf die Erwartungshaltung haben (siehe auch Abbildung 24 zum C/D-Paradigma). Diese Einflussgrößen wirken auf das individuelle Anspruchsniveau des Weiterbildungsinteressierten und beeinflussen seine Entscheidung für oder gegen ein Weiterbildungsangebot. „Das individuelle Anspruchsniveau bestimmt, welche Alternativen als zufriedenstellend angesehen und akzeptiert werden und welche zurückgewiesen werden."[270]

Abbildung 26: Einflussgrößen auf die Erwartungshaltung[271]

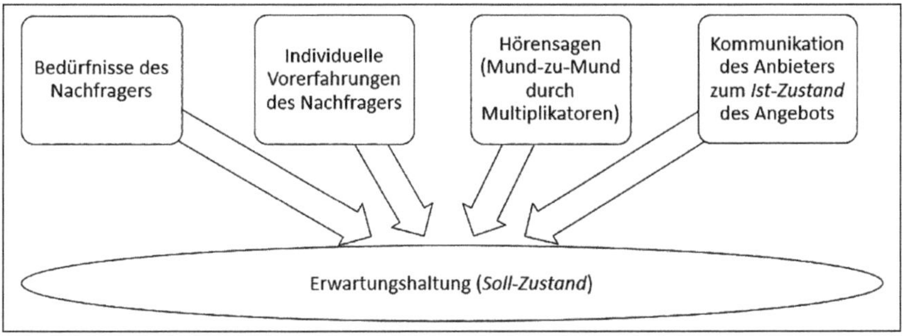

```
┌──────────────┐  ┌──────────────┐  ┌──────────────┐  ┌──────────────┐
│ Bedürfnisse  │  │ Individuelle │  │  Hörensagen  │  │Kommunikation │
│     des      │  │Vorerfahrungen│  │(Mund-zu-Mund │  │ des Anbieters│
│  Nachfragers │  │ des Nachfragers│ │    durch     │  │ zum Ist-Zustand│
│              │  │              │  │Multiplikatoren)│ │ des Angebots │
└──────┬───────┘  └──────┬───────┘  └──────┬───────┘  └──────┬───────┘
       ↘                 ↘                 ↙                 ↙
              Erwartungshaltung (Soll-Zustand)
```

Kano-Modell der Kundenzufriedenheit

Matzler und Kollegen unterscheiden dabei unter Bezug auf das *Kano-Modell der Kundenzufriedenheit*[272] drei Faktoren im Abgleich der Erwartungshaltung mit der Ist-Situation, die Einfluss auf die Zufriedenheit mit einem Produkt oder einer Dienstleistung haben. Angewendet auf die Dienstleistung *Weiterbildung* lassen sich diese Faktoren, die als Basis-, Leistungs- und Begeisterungsfaktoren bezeichnet werden, wie folgt beschreiben:[273]

Basisfaktoren sind die Mindestanforderungen, die ein Interessent an ein Weiterbildungsangebot hat. Werden diese nicht den Erwartungen entsprechend wahrge-

---

270 Kroeber-Riel und Gröppel-Klein 2013, S. 481.
271 Eigene Darstellung.
272 Vgl. Kano et al. 1984.
273 Vgl. Matzler et al. 2009a und Kano et al. 1984.

nommen, lösen sie Unzufriedenheit aus. Anders herum aber führt ein Übertreffen der Erwartungen bei den Basisfaktoren noch nicht zur Zufriedenheit.[274] *Leistungsfaktoren* sind die Eigenschaften der Weiterbildung, die zur Zufriedenheit und zur Unzufriedenheit führen können, je nachdem, ob sie übertroffen oder nicht erfüllt werden. *Begeisterungsfaktoren* werden vom Kunden nicht erwartet. Daher haben sie das Potenzial Begeisterung auszulösen, wenn sie angeboten werden. Das heißt sie erhöhen den wahrgenommenen Nutzen des Weiterbildungsangebots. Sie führen aber nicht notwendigerweise zur Unzufriedenheit, wenn sie nicht vorhanden sind (siehe Abbildung 27).

Abbildung 27: Kano-Modell der Kundenzufriedenheit[275]

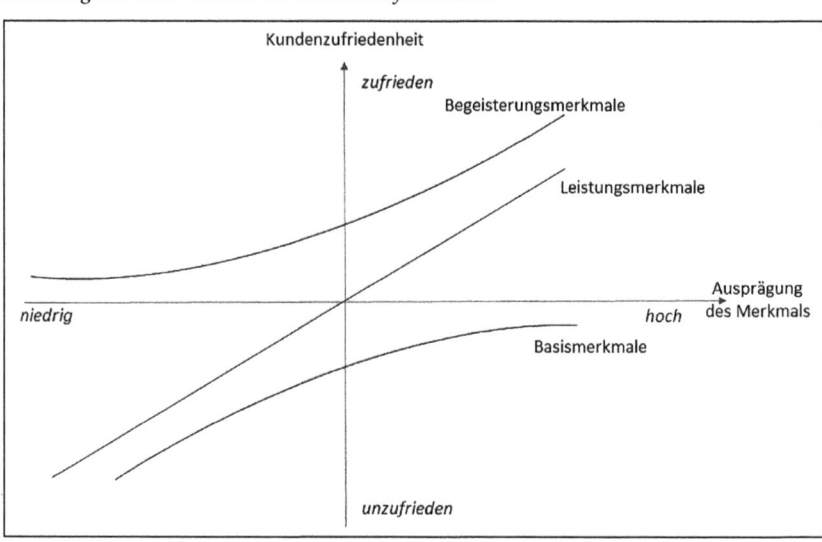

Die Erwartungshaltung wird von den Teilnehmenden im Verlauf des Weiterbildungsprozesses kontinuierlich mit der wahrgenommenen Leistung abgeglichen. Zeithaml und Kollegen erweitern die vorgestellten Modelle dahingehend, dass Kunden in ihrer Erwartung an eine Dienstleistung nicht ein bestimmtes Konfirmationsniveau, sondern einen Bereich an Niveaus zwischen idealerweise

---

274 In vorangegangener Literatur, wie bspw. in der Originalveröffentlichung aus dem Jahr 1959 zur Arbeitszufriedenheit von Herzberg, Mausner und Snyderman (2010, S. 119–133) werden diese Basisfaktoren bereits vorgedacht und als Hygiene-Faktoren bezeichnet.
275 In Anlehnung an Matzler et al. 2009b, S. 20 und den Artikel von Kano et al. 1984.

gewünschtem *(desired service)* und noch adäquatem Service *(adequate service)* akzeptieren.[276] Diese Toleranzzone hängt dabei nicht nur vom einzelnen Kunden, sondern u. a. auch von seiner aktuellen Situation ab. Ist er beispielsweise in Eile und möchte sich noch pünktlich zum Start des Webinars in den Online-Konferenzraum einloggen, schrumpft seine Toleranzzone, da das Niveau dessen, was er in diesem Moment als adäquaten Service des dazu angesprochenen Systemadministrators empfindet, nun aufgrund der Dringlichkeit angehoben ist. Begeisterung resultiert beim Überschreiten der Toleranzzone, beim Unterschreiten hingegen Unzufriedenheit.[277]

Neben dem persönlichen Toleranzniveau des/der Weiterbildungsteilnehmenden bestimmt auch das eingangs erwähnte individuelle Anspruchsniveau den jeweils erwarteten Soll-Zustand des Angebots. Einflussgrößen sind Erwartungen, Erfahrungsnormen und Ideale: „Während sich Erwartungen auf ein antizipiertes Leistungsniveau beziehen [...], bauen die Erfahrungsnormen auf den Erfahrungen des Kunden mit gleichen oder ähnlichen Produkten auf."[278]

Die vom Weiterbildungsteilnehmenden „empfundene Zufriedenheit bzw. Unzufriedenheit wirkt auch wieder stabilisierend oder verändernd auf sein Anspruchsniveau zurück. Sie ist die wesentliche Ursache für die Dynamik des Anspruchsniveaus."[279] Es könnte bspw. sein, dass bei einem weiterbildenden Fernstudium seitens der Teilnahmeinteressierten eine individuelle, zeitnahe Betreuung durch Dozentinnen und Dozenten nicht in hohem Maße erwartet wird, da die individuelle Erwartungshaltung an Fernstudiengänge eher vom Bild des stillen Selbststudiums geprägt ist. Wird das erlebte Fernstudium aber von guter Betreuung u. a. in Form von Webkonferenzen, transparenter Kommunikation der Sprechzeiten, qualitativem Feedback zu Fragen in Foren, einem Online-Kalender mit den nächsten Webkonferenzterminen, Abgabeterminen für Hausarbeiten etc. sowie einer zeitnahen Beantwortung von E-Mail-Anfragen geprägt, wirkt dies zurück auf das Anspruchsniveau.

Während in diesem Beispiel einer internetbasierten Hochschulweiterbildung gute Betreuung und zeitnahes Feedback im ersten Fachsemester noch zu den Begeisterungsfaktoren gehören, kann es bereits im zweiten Fachsemester ein Leistungsfaktor sein, da die Teilnehmenden ihr Anspruchsniveau durch die neuen Erfahrungen verändert haben. Zudem fungieren die Teilnehmenden der Weiterbildung auch als Multiplikatoren für neue Interessierte (Weiterempfehlung

---

276 Zeithaml, Bitner & Gremler 2013, S. 54–56.
277 Vgl. auch Horster 2015, S. 111–112.
278 Homburg 2008, S. 21.
279 Kroeber-Riel und Gröppel-Klein 2013, S. 482.

Mund zu Mund bzw. treffender *Mund zu Ohr*). Auf diese Weise kann das Anspruchsniveau der Weiterbildungsinteressierten dauerhaft verändert werden, so dass eine gute Betreuung im Laufe der Zeit sogar zum Basisfaktor von Online-Weiterbildungsangeboten wird.

Selbstbild und Fremdbild

Die dargestellten theoretischen Modelle verdeutlichen die Wichtigkeit der Erwartungen der Kunden bei der Gestaltung der Dienstleistung. Vor diesem theoretischen Hintergrund dient der dritte Fragenkomplex der Experteninterviews insbesondere dazu erste Thesen zur Erwartungshaltung der Beschäftigten in der Tourismusbranche an einen onlinegestützten und berufsbegleitenden Weiterbildungsstudiengang im Tourismus zu verstehen. Zur Ermittlung der Erwartungshaltung wurde konkret erfragt, welches Bild die Tourismusbranche von Weiterbildungsangeboten staatlicher Hochschulen hat und welche Anforderungen berufstätige Touristiker an ein Online-Weiterbildungsangebot haben. Zwei weitere Fragen zielten zudem auf die Chancen und Risiken/Schwierigkeiten von Online-Weiterbildungsangeboten im Tourismus ab, um eine entsprechende Rückkopplung des Selbstbilds mit dem Fremdbild der befragten Branchenvertreter zu erhalten. Die am Ende des Kapitels aufgestellte Selbstbild-Fremdbild-Matrix (siehe Tabelle 4, S. 110–111) ist angelehnt an die Struktur einer SWOT-Matrix.[280] Sie ist aber dahingehend spezieller, da die von den Befragten benannten Chancen und Risiken keine vom Anbieter unbeeinflussbaren Größen darstellen, wie es in der klassischen SWOT-Analyse der Falls wäre und sich die Ergebnisse zudem auf den Standort FH Westküste beziehen. Die Ergebnisse der qualitativen Leitfadeninterviews werden nachfolgend im Detail vorgestellt.

Weiterbildungsangebote staatlicher Hochschulen

Die erste Frage dieses Themenblocks fragt allgemein nach der Haltung gegenüber Weiterbildungsangeboten von staatlichen Hochschulen. Dafür wurde die bereits im vorangegangenen Themenblock angewendete projektive Fragetechnik genutzt. Mit dieser Technik „wird versucht, solche zunächst unbewussten Gefühle, Mo-

---

280 Eine SWOT-Matrix stellt die Positionierung der Aktivitäten eines Anbieters bzw. Unternehmens gegenüber dem Wettbewerb dar. Dabei werden die eigenen, unternehmensinternen Stärken (*strengths*) und Schwächen (*weaknesses*) zusammengestellt und den Chancen (*opportunities*) und Risiken (*threads*) gegenübergestellt, die sich aus einer Analyse des externen Umfelds des Anbieters ergeben.

tivationen und Einstellungen in Bezug auf Meinungsgegenstände aufzudecken, die schwierig zu artikulieren sind [...]."[281] Genutzt wird diese Fragetechnik daher bspw. auch in der Konsumentenforschung. „So wird zum Beispiel auf die direkte Frage, wie oft man sich am Tag die Zähne putzt, in der Regel mit der Angabe ‚mindestens zweimal täglich' geantwortet, obgleich die abgesetzten Mengen an Zahncreme zeigen, dass dies nicht möglich sein kann (oder ein signifikant hoher Anteil an Personen sich die Zähne ohne Zahnpasta putzt)."[282] Um den Anteil der sozial erwünschten Antworten bei der Frage zu reduzieren, wurden die Befragten daher nicht danach gefragt, was sie selbst über Weiterbildungsangebote von staatlichen Hochschulen denken. Stattdessen wurden sie um eine Einschätzung gebeten, was die Tourismusbranche von Weiterbildungsangeboten staatlicher Hochschulen hält. Die konkrete Frage im Leitfaden lautete entsprechend: „Was glauben Sie, wie die Branche über Weiterbildungsangebote von staatlichen Hochschulen denkt?"

Die Befragten geben die Branchensicht auf Weiterbildungsangebote von staatlichen Hochschulen als positiv an. Obgleich Weiterbildung benötigt wird, fällt es einigen Interviewpartnern aufgrund der projektiven Fragestellung aber schwer dies für die Branche zu beurteilen. Drei Befragte betonen explizit, dass es sich hier um ihre persönliche Einschätzung handelt.

Diejenigen, die ihre Antwort weiter differenzieren, sagen, dass dies vom Ruf der Hochschule und von der Qualität des Dozenten bzw. der Dozentin abhänge. Zudem nutzen die Befragten die Chance ihre Einschätzung auch inhaltlich zu begründen: Weiterbildungsangebote von staatlichen Hochschulen seien ausbaufähig, da sie zu wenig Praxisbezug bieten würden. Auch über die adressierte Zielgruppe von Weiterbildungsangeboten staatlicher Hochschulen wurden Aussagen getroffen: „Es gibt in meinen Augen noch keine wirklichen Weiterbildungsangebote für Touristiker, die nicht ihrerseits Hochschulabgänger sind an Hochschulen. Wenn sie das schaffen – in Form einer, wie soll man sagen, Weiterbildung im Beruf oder berufsbegleitenden Weiterbildung – auch hochschulaffine Weiterbildungsgänge für Nichthochschulabgänger anzubieten, dann könnte das sicherlich sehr sinnvoll sein. Dann würde das, glaube ich, die Tourismusbranche auch zunehmend nutzen, ganz einfach deshalb, weil die Mehrzahl der Entscheider zunehmend auch selbst einen universitären oder Fachhochschulhintergrund hat."[283] Diese Ansicht deckt sich stark auch mit der Zielsetzung

---

281 Kroeber-Riel und Gröppel-Klein 2013, S. 28.
282 Kroeber-Riel und Gröppel-Klein 2013, S. 28–29.
283 Interviewpartner #1, Interview (telefonisch), FH Westküste, 07.08.2013.

des Offene-Hochschule-Projekts (siehe dazu auch Kapitel 11). Die Idee der vom Interviewten benannten Weiterbildung *im* Beruf findet Eingang in die Konzepte der *work-based studies* (WBS).[284]

Aufbauend auf der allgemeinen Befragung zu Weiterbildungsangeboten und dem Überprüfen einer staatlichen Hochschule als Weiterbildungsanbieter im Tourismus, wurde in der folgenden Frage erstmalig im Interview auf das Thema E-Learning als Lern- und Lehrmethode Bezug genommen. Die erste der zwei folgenden Fragen suchte nach Chancen von E-Learning in der Branche, die zweite Frage nach Risiken bzw. Schwierigkeiten.

Chancen beim Einsatz von Online-Angeboten in der Tourismusbranche

Auf die Frage: „Welche Chancen sehen Sie für den Einsatz von Online-Angeboten in Ihrer Branche?" antworten dreizehn Befragte, dass sie gute Chancen für den Einsatz dieser Methode sehen. Sieben Befragte hingegen sehen eher geringe Chancen. Fünf Antworten sind unentschieden in ihrer Bewertung. Diese fünf Nennungen werden in einer Kategorie zusammengefasst, die mit „Durchwachsen"[285] (entsprechend eines Invivo-Kodes[286] eines Interviewpartners) betitelt ist. Einmal bleibt die Frage unbeantwortet.

Diejenigen, die im E-Learning eine Chance für die Weiterbildung im Tourismus sehen, begründen dies u. a. mit dem großen Vorteil der zeitlichen Flexibilität: „Man kann es auch einmal einen Tag verschieben, wenn es an dem Tag nicht möglich ist, wie ursprünglich angedacht. Das ist sehr gut."[287] Ein anderer Befragter stellt fest, „dass eben mit dem vielen Reisen und der kompletten Abwesenheit für so eine Weiterbildungsmaßnahme ein Webinar vielleicht ganz hilfreich ist. […] Ich habe nur testweise an einem Webinar teilgenommen und das war schon genauso gut, wie ein Präsenzseminar."[288] Eine weitere Befragte stimmte ein: „Es würde natürlich den Faktor Zeit so ein bisschen minimieren, dadurch, dass dann Reisezeiten wegfallen und dass man dann auch mehrtägige Angebote machen

---

284 Zur Vertiefung siehe bspw. Boud und Solomon 2001 sowie Brennan 2005.
285 Interviewpartner #14, Interview (telefonisch), FH Westküste, 29.07.2013.
286 Als Invivo-Kode wird die Aussage von Interviewpartnern bezeichnet, die als Benennung bei der Kodierung gewählt wurde. *In vivo* ist lateinisch für *im Lebendigen*. Siehe auch Kapitel 7 zum Forschungsdesign.
287 Interviewpartner #15, Interview (telefonisch), FH Westküste, 07.08.2013.
288 Interviewpartner #17, Interview (telefonisch), FH Westküste, 02.08.2013.

könnte, ohne dass man Reisekosten hat."[289] Die örtliche Flexibilität und die mittlerweile auch gute technische Stabilität von Webinaren sind demnach weitere Aspekte der positiven Einschätzungen.

Mehrere Befragte sehen ebenfalls gute Chancen durch den Verbleib des Weiterbildungsteilnehmenden am Standort seines Unternehmens und in der Skalierbarkeit des Weiterbildungsangebots zur gleichzeitigen Schulung mehrerer – auch räumlich getrennter – Mitarbeiter: „Das ist perfekt!"[290], da auf diese Weise Mitarbeiter, denen man eine Weiterbildung sonst nicht ermöglichen könne, dies nebenher besser einrichten können.[291] „Dadurch, dass es natürlich immer schwieriger ist, gute Leute zu finden und [...] Mitarbeiter für ein paar Tage wegzuschicken aus den Unternehmen, wird das dann sicher mit dem Online-Bereich interessanter werden für die Zukunft – weil ich dann natürlich auch die Möglichkeit habe, zwei oder drei Mitarbeiter gleichzeitig zu schulen."[292]

Die Skeptiker begründeten ihre Bedenken größtenteils mit der Befürchtung, es sei wenig Interaktion möglich.[293] Ein Interviewpartner vom Reiseveranstalter äußert – aus der Erfahrung des Einsatzes von E-Learning im eigenen Unternehmen heraus – die Befürchtung, dass komplexere Themen nicht gut mit Online-Weiterbildungsangeboten umgesetzt werden können: „Wir nutzen ja E-Learning-Angebote, aber ich glaube, der Einsatzbereich ist doch eher eingeschränkt auf handwerkliche Themen, wie ‚Wie bediene ich Excel?'; ich kann mir im Moment schwer vorstellen, wie man komplexere Lerninhalte über den Weg transportieren kann."[294] Einer Befragten aus der Hotellerie fehlt beim Selbstlernen online das Miteinander-Lernen und das ‚Learning by doing'.[295] Abbildung 28 (S. 106) stellt die Aussagen der Interviewpartner und -partnerinnen nochmal gegenüber.

In der nachfolgenden Frage hatten die Skeptiker die Möglichkeit ihre Bedenken weiter auszuführen. Diejenigen hingegen, die gute Chancen beim Einsatz von Online-Angeboten in der Tourismusbranche sehen, sollten sich nichtsdestotrotz bei der nachfolgenden Frage auch mit den Schwierigkeiten auseinandersetzen.

---

289 Interviewpartner #25, Interview (telefonisch), FH Westküste, 15.08.2013.
290 Interviewpartner #23, Interview (telefonisch), FH Westküste, 23.07.2013.
291 Vgl. Interviewpartner #23, Interview (telefonisch), FH Westküste, 23.07.2013.
292 Interviewpartner #21, Interview (telefonisch), FH Westküste, 02.08.2013.
293 Vgl. bspw. die Aussagen der Interviewpartner #02, #12 und #18 zu dieser Frage.
294 Interviewpartner #19, Interview (telefonisch), FH Westküste, 31.07.2013.
295 Vgl. Interviewpartner #22, Interview (telefonisch), FH Westküste, 29.07.2013.

Risiken bzw. Schwierigkeiten beim Einsatz von Online-Angeboten in der Tourismusbranche

Die Frage „Welche Risiken/Schwierigkeiten sehen Sie für den Einsatz von Online-Angeboten in Ihrer Branche?" beantworten nur wenige damit, dass sie keine Schwierigkeiten sehen. Ein Interviewpartner antwortete pauschal, er sähe als Schwierigkeit „nur die Akzeptanz durch die Mitarbeiter."[296]

Viele Befragten, auch diejenigen, die Online-Angeboten in der Tourismusbranche gute Chancen zumessen, differenzieren hier genauer. Sie sehen eine deutliche Technikhürde. Insbesondere in der Hotellerie/Gastronomie werden Bedenken geäußert: „[Wir] haben bei uns auch viele ältere Praktiker oder Kollegen, die [...] auch nicht alle so fit sind am Computer."[297] Des Weiteren wurden Schwierigkeiten beim Einsatz von Online-Weiterbildungsangeboten begründet mit der hohen Anforderung an die eigene Disziplin und Motivationslage „desjenigen, der weitergebildet werden soll oder der sich weiterbilden will. Es gibt Menschen, die können sehr gut online lernen und es gibt andere, die haben einfach Probleme damit. Die brauchen einfach jemanden der mit ihnen spricht oder mit dem sie sprechen können, persönlich. [...] Es ist genauso, wie früher die Fernstudien, oder wie grundsätzlich die Fernstudien, es gibt Menschen, die können das sehr gut, weil sie sehr diszipliniert sind, und es gibt andere, die können das nicht, da liegen die Sachen da und irgendwie kriegen sie sich nicht soweit in Griff, dass sie sagen: ‚Ich mach's jetzt!'."[298] Diese Einschätzung teilt auch eine Befragte aus einer Destination. Das Angebot dürfe „wirklich nicht zu selbstständig angelegt sein, denn das [...] würde den Anforderungen der Mitarbeiter nicht entsprechen. [...] da braucht man schon [...] gestützte und angeleitete Weiterbildung."[299]

Bereits in dieser Antwort, wie auch deutlicher noch in den folgenden, tritt die Annahme zu Tage, dass Online-Weiterbildung nicht interaktiv sein könne. Es bedürfe der Meinung, der Vielfalt und der Dynamik von anderen Teilnehmenden der Weiterbildung, da sei ein Online-Format zu unkommunikativ.[300] Eine Befragte aus der Hotellerie und Gastronomie sagt, dass sie viel Menschkontakt hat und daher eine Schulung rein online nicht befürworten würde. Sie befürchtet man könne keine Fragen stellen und habe auch nicht das Miteinander, wovon die Gas-

---

296 Interviewpartner #17, Interview (telefonisch), FH Westküste, 02.08.2013.
297 Interviewpartner #14, Interview (telefonisch), FH Westküste, 29.07.2013.
298 Interviewpartner #08, Interview (telefonisch), FH Westküste, 19.08.2013.
299 Interviewpartner #25, Interview (telefonisch), FH Westküste, 15.08.2013.
300 Vgl. Interviewpartner #02, Interview (telefonisch), FH Westküste, 30.07.2013.

tronomie lebe.[301] Auch eine Befragte eines Tourismusverbandes vermutet, „dass man Fragen einfach direkter stellen kann und [...] konsequenter an dem Thema arbeitet, wenn man das nicht online macht."[302]

Die Entwicklung einer zunehmenden Technisierung der Arbeitswelt wurde eingangs schon als Hürde für diejenigen genannt, die erforderliche Medienkompetenzen nicht mitbringen. Aber auch aus anderer Perspektive sahen Befragte in der Technisierung motivationale Schwierigkeiten an einer Online-Weiterbildung teilzunehmen. Dies wäre „wenig verlockend [und] psychologisch gesehen eher belastend"[303] für Berufstätige, deren primäres Arbeitsmittel der Computer ist. Als Lösung wird eine Mischform aus Online-Angebot mit sehr starkem Präsenzanteil vorgeschlagen.[304] Interessant an dieser Aussage ist, dass ein Online-Angebot weiterhin Bestandteil des vom Befragten vorgeschlagenen Weiterbildungsformats für Berufstätige ist. Die Vorteile der zeitlichen und örtlichen Flexibilität des Online-Angebots werden mit der für den Befragten stärker motivierenden Arbeit, die nicht vor dem Bildschirm stattfindet, kombiniert.

Eine weitere Befragte äußert aus dem gleichen Grund den Wunsch nach einem Medienwechsel für die Dokumentation. Trotz verfügbarem Online-Angebot solle es möglich sein Unterlagen, Ergebnisse oder Erkenntnisse auszudrucken, so dass diese auch ohne Computer nachzulesen wären.[305]

Immer wieder wird in den Interviews deutlich, dass die technologische Entwicklung einige Altersgruppen und Berufsgruppen ‚abhängt', wenn es um die Teilnahme von Online-Weiterbildung geht. Eine Befragte, die auch beratend tätig ist, stellt dies sogar für ganze Betriebe einer Region fest: „Hier oben, ich spreche jetzt vom Norden, gibt es viele Betriebe, die mit dem Internet noch gar nicht viel anfangen können – es ist ja erstaunlich, aber es ist so – und sich damit auch nicht auseinandersetzen wollen."[306] Eine Befragte aus der Hotellerie sagte direkt: „Das ist nicht für das gesamte Personal machbar."[307] Es sei aber eine Chance für die mittlere und höhere Führungsebene. Detaillierter erläutert eine befragte Geschäftsführerin eines Hotels: „Da sehe ich die Schwierigkeiten, zumindest jetzt hier im Hotelgewerbe, dass es doch immer noch sehr viele Mitarbeiter gibt, die das Internet nicht nutzen können, also die überhaupt noch nie mit dem Internet

---

301 Vgl. Interviewpartner #22, Interview (telefonisch), FH Westküste, 29.07.2013.
302 Interviewpartner #05, Interview (telefonisch), FH Westküste, 31.07.2013.
303 Interviewpartner #01, Interview (telefonisch), FH Westküste, 07.08.2013.
304 Vgl. Interviewpartner #01, Interview (telefonisch), FH Westküste, 07.08.2013.
305 Vgl. Interviewpartner #13, Interview (telefonisch), FH Westküste, 29.07.2013.
306 Interviewpartner #4, Interview (telefonisch), FH Westküste, 02.08.2013.
307 Interviewpartner #10, Interview (telefonisch), FH Westküste, 15.08.2013.

gearbeitet haben. Man soll es nicht glauben, aber es ist so. Gerade die älteren Mitarbeiter haben hier bei uns im Hause da überhaupt kein Interesse daran. Und da fällt dann natürlich auch die Weiterbildung entsprechend weg."[308] Auf die Nachfrage, ob dies zudem bestimmte Bereiche aus dem Hotel betrifft, wo das eher der Fall ist als in anderen, antwortete sie: „Ja, [...] ohne das negativ zu meinen, aber es ist häufig der Bereich der unteren Lohngruppen: Housekeeping, Spüle. Also die haben natürlich auch keinen PC oder so was zu Hause und kennen sich mit solchen Dingen auch überhaupt nicht aus."[309]

Abbildung 28: Vorbehalte der Skeptiker und Vorteile seitens der Befürworter von E-Learning[310]

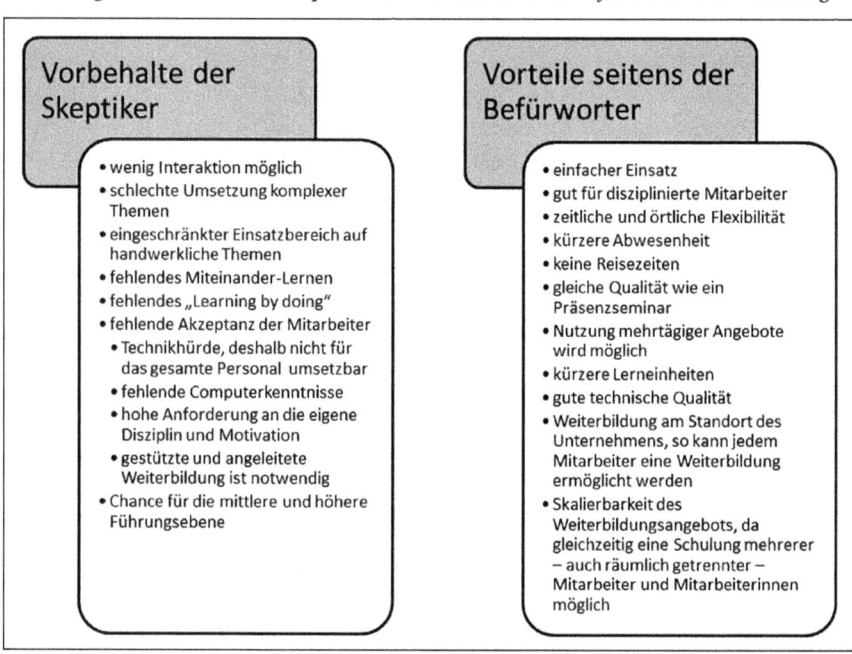

Interessant in diesem Zusammenhang ist allerdings, dass privatwirtschaftliche E-Learning-Anbieter gezielt niedrigschwellige E-Learning-Angebote u. a. für die Systemgastronomie konzipiert haben und diese auf Messen, wie bspw. der Learntec in Karlsruhe vorstellen. Diese Angebote werden auch genutzt, wie das

---

308 Interviewpartner #15, Interview (telefonisch), FH Westküste, 07.08.2013.
309 Interviewpartner #15, Interview (telefonisch), FH Westküste, 07.08.2013.
310 Eigene Darstellung auf Basis der geführten Interviews.

Beispiel Yum (mit der Marke Kentucky Fried Chicken) zeigt: „E-Learning helfe, konkrete Maßnahmen und Programme in den einzelnen Restaurants optimaler umzusetzen und damit deren Wirtschaftlichkeit zu verbessern, so Human Resources Director Christian Johannsen."[311]

Auch die Hotellerie setzt auf E-Learning-Angebote. So wird im selben Artikel erläutert, dass bspw. die Hotelketten Lindner und Accor ihre Mitarbeiter auf diese Weise schulen. Bei Linder werden „rund 2400 Lindner-Angestellte [...] mit dem Online-Lernangebot erreicht. Darunter nicht nur Führungs- und Fachkräfte, sondern auch Aushilfen."[312] Bei Accor sind es nach Angabe des im Artikel zitierten Managers der Académie Accor Germany etwa 8000 Mitarbeiter, die beim Unternehmen auf diese Weise geschult werden: „Insbesondere bei jüngeren Arbeitnehmern seien elektronische Lernmittel sogar ausschlaggebend, wenn es um die Entscheidung für einen bestimmten Arbeitgeber gehe [...]. Ein wesentlicher Vorteil des E-Learnings sei es, dass die Lerninhalte jederzeit aktualisiert oder auf die Bedürfnisse und Wünsche der Beschäftigten, aber auch des Unternehmens angepasst werden könnten. Trainingsinhalte würden nicht nur mit Trainingsbeauftragten, sondern auch mit den Kollegen am Arbeitsplatz besprochen. Das helfe auch beim Team-Building."[313]

Der DEHOGA in Schleswig-Holstein schuf für Auszubildende ein E-Learning-Angebot: „Bei den theoretischen Kenntnissen vieler Auszubildenden im Gastgewerbe klaffen häufig deutliche Lücken. Vor allem bei angehenden Köchen fällt ein Teil der Auszubildenden wegen mangelnder Theoriekenntnisse durch die Prüfung. Diesem Missstand will der DEHOGA Schleswig-Holstein durch ein E-Learning-Portal für die gastronomischen Berufe abhelfen."[314] Das entstandene Portal ausbildung-lernen.de bereitet mit verschiedenen Quiz-Formen, wie Testfragen mit Auswahllisten, Einzelauswahl oder Multiple Choice, auf die Abschlussprüfung vor. Ziel dieses Angebots ist es Fachbegriffe zu erklären und das Grundwissen der Auszubildenden zu festigen.[315]

---

311 Haußmann 2011, S. 3 (in der AHGZ, Ausgabe Februar 2011).
312 Haußmann 2011, S. 3 (in der AHGZ, Ausgabe Februar 2011).
313 Haußmann 2011, S. 3 (in der AHGZ, Ausgabe Februar 2011).
314 Heigert 2013, S. 16.
315 Vgl. Heigert 2013, S. 16. Für einen Einblick in das Portal www.ausbildung-lernen.de siehe das eingebundene Video auf der Anbieterseite der Hy Academy GmbH 2015.

Abbildung 29: Überblick verschiedener Qualifikationsziele und -niveaus im E-Learning[316]

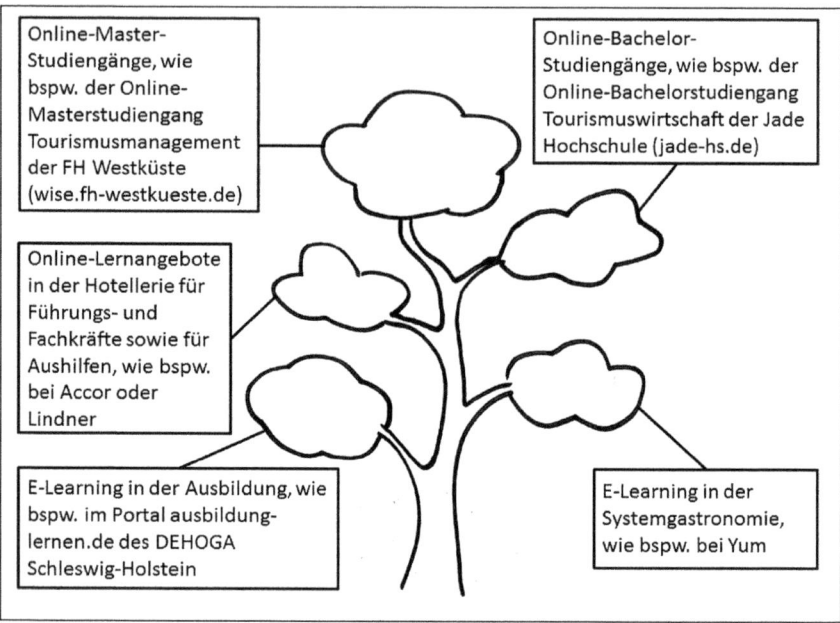

Angebote der akademischen Weiterbildung gehen in ihrer Zielsetzung darüber hinaus (siehe Abbildung 29). So vertieft und fokussiert ein Masterstudium im Tourismusmanagement die berufliche Orientierung und zielt sowohl auf die professionellen, allgemeinen Fähigkeiten und Haltungen der Studierenden ab, als auch auf ihre Fähigkeiten in Bezug auf Planung, Konzeption, Umsetzung und Evaluation von Tourismusprojekten. Es trägt zur Entwicklung der Studierenden als kritisch reflektierende Führungspersönlichkeit bei und fördert ihre Entwicklung zu einer Erwerbstätigkeit als Führungskraft. Durch die Master-Prüfung soll ein hohes fachliches und wissenschaftliches Niveau nachgewiesen werden. Es soll festgestellt werden, ob die Studierenden die Zusammenhänge des Tourismusmanagements überblicken und die Fertigkeiten besitzen, wissenschaftliche Methoden und Erkenntnisse anzuwenden und das grundlegende, fachspezifische und fachübergreifende Wissen zielgerichtet in Theorie und Praxis einzusetzen.

---

316 Eigene Darstellung, inspiriert vom Kurzfilm zum Deutschen Qualifikationsrahmen (DQR), verfügbar unter www.dqr.de, siehe BMBF 2011a; Erstellung: Sarah Müsch.

Infobox II: Anwendung im Forschungs- und Entwicklungsprojekt LINAVO

Exemplarisch für das Angebot der Fachhochschule Westküste stellt die Tabelle 4 das Eigenbild (Stärken und Schwächen) dem Fremdbild (d.h. den in den Interviews und weiterer Literatur genannten Chancen und Risiken für Online-Angebote) gegenüber.

Die ermittelten Handlungsempfehlungen aus dem Feld *Ausbauen* (d.h. diejenigen, die sich im Kreuzfeld der Zeile *Stärken* mit der Spalte *Chancen* befinden) lassen sich gut nutzen, um das entstandene Weiterbildungsangebot am Markt zu positionieren. Dabei sollten Ergebnisse aus dem Kreuzfeld der Zeile *Stärken* mit der Spalte *Risiken* umgesetzt und abgesichert werden, um das Angebot nicht zu gefährden.

Während sich eine mögliche Bedrohung aus dem Kreuzfeld der Zeile *Schwächen* mit der Spalte *Chancen* gut aufholen lassen kann, wenn entsprechende Mittel dafür eingesetzt werden, bedarf es beim Kreuzfeld der Zeile *Schwächen* mit der Spalte *Risiken* einiger weiterführender Erläuterung. Vermieden werden sollen demnach viele Pflichtpräsenztermine, ein Auslagern administrativer Aufgaben auf Teilnehmende und ein Sich-selbst-Überlassen der Teilnehmenden insb. bei Wochenendveranstaltungen vor Ort. Folgende Empfehlungen lassen sich aus der Analyse von Selbstbild und Fremdbild ableiten:

Statt vieler (unkoordinierter) Pflichttermine in Präsenz, ist eine modulübergreifende Koordination von Präsenzphasen und Prüfungsterminen – gerade bei Klausuren – anzustreben. Dabei sollen die Prüfungstermine anreisefreundlich gestaltet werden, so dass eine An- und Abreise am gleichen Tag bzw. eine Anreise am Vorabend möglich wird. Zudem sollen Dozentinnen und Dozenten sowie ggf. weitere Ansprechpartner aus Studiengangskoordination und Bibliothek nach Bedarf an geblockten Wochenendveranstaltungen für die Studierenden erreichbar sein. Statt administrative Arbeiten auf die Teilnehmenden auszulagern, soll eine serviceorientierte Studiengangskoordination an der Hochschule diese Aufgaben für die gebührenzahlenden, berufstätigen Studierenden als Dienstleistung übernehmen. Ein aus der Gruppe der Studierenden gewählte/r Semestersprecher/in kann für die Studiengangskoordination dabei wichtige/r Feedbackgeber/in, Multiplikator/in und ‚Draht' zu den Studierenden seines/ihres Jahrgangs sein.

Tabelle 4: *Selbstbild-Fremdbild-Matrix für die FH Westküste*[317]

	Chancen und Risiken im Fremdbild Stärken und Schwächen im Eigenbild	Chancen (aus Interviews): • Zeitliche und örtliche Flexibilität • gute technische Stabilität • Verbleib des Teilnehmenden im Unternehmen • Skalierbarkeit des Angebots • Anpassung der Lerninhalte an spezifische Bedürfnisse • Aktualisierung der Lerninhalte • E-Learning ausschlaggebend für Wahl des Arbeitgebers • Besprechung der E-Learning- Inhalte mit Kollegen unterstützt das Team-Building	Risiken (aus Interviews): • Lehr- und Lernform noch wenig bekannt. Befürchtungen: – wenig Interaktion – mangelhafte Umsetzung komplexerer Themen – kein ‚Learning by doing' • Technik als Hürde für ältere Mitarbeiter • Weitere Bildschirmarbeit nach Feierabend wenig attraktiv
	Stärken: • Ausbildung auf hohem Niveau • Aufbau von professionellen Fähigkeiten • Erlernen von Fertigkeiten, wissenschaftliche Methoden/ Erkenntnisse anzuwenden • Aufbau von spezifischen touristischen Fähigkeiten • Beitrag zur Entwicklung von Führungspersönlichkeiten / einer Erwerbstätigkeit als Führungskraft im Tourismus	**Ausbauen, um das Angebot zu positionieren:** • Chancen von Online-Weiterbildung für die Kommunikation nutzen • Kommunikation an die Stärken des Studiengangs koppeln • Neueintritt = Chance auf vorurteilsfreie Platzierung am Markt • Image der Hochschule nutzen („klein aber fein', kurze Wege, hervorragende Betreuung etc.)	**Absichern, um das Angebot nicht zu gefährden:** • Über Pressearbeit informieren • Demoeinheiten zu bestimmten Inhalten anbieten • Erfahrungsberichte von Studierenden aufnehmen • erworbene Medienkompetenzen verdeutlichen • Blended Learning / Austausch in geblockter Wochenendpräsenz • Lernfreude und Motivation bspw. durch Gamifikation und Methodenwechsel fördern

---

317 Eigene Darstellung.

Schwächen:	Aufholen, um am Markt Bestand zu haben:	Meiden, um nicht sofort wieder von Markt zu verschwinden:

• Peripherer Hochschulstandort
  – für Prüfungen
  – für persönliche Beratung
• keine Kostenvorteile nutzbar, da erster Online-Studiengang
	• Angebot von zentraleren Prüfungsstandorten
	• Angebot von mobiler persönlicher Beratung
	• Angebot v. Beratungsangeboten online oder telefonisch
	• Aufbau weiterer (Online-) Weiterbildungsangebote
		• Viele Pflichtpräsenztermine
		• Administrative Aufgaben bei Prüfungsämtern etc. auf Teilnehmende auslagern
		• Kein/e Ansprechpartner/in vor Ort bei Wochenendveranstaltungen

Um den Themenblock der Erwartungshaltung an Weiterbildungsangebote im Tourismus abzurunden, wurden die Interviewpartner mit der letzten Frage des Themenblocks aufgefordert ihre konkreten Anforderungen an ein Online-Weiterbildungs-Angebot zu benennen.

Anforderungen

Die abschließende Frage dieses Themenblocks bot den Interviewpartnerinnen und -partnern die Gelegenheit ihre Wünsche zu äußern, wie ein Online-Weiterbildungs-Angebot idealerweise aussehen müsste. Die konkrete Frage war: „Welche Anforderungen stellen Sie an ein Online-Weiterbildungs-Angebot?"

Die Antworten fokussieren stark die Themen Austausch und Kommunikation. Eine Befragte aus der Hotellerie sagt: „Ich muss Fragen stellen können, in dem Moment, in dem es mich interessiert, und ich möchte da dann auch Antworten zu haben."[318] Dies bestätigen weitere Befragte, die sich wünschen, „dass es ein permanentes Feedback oder vielleicht sogar ein Echtzeit-Feedback gäbe, oder zumindest ein sehr zeitnahes"[319], und dass es „Zwischensteps immer wieder gibt, die dann auch eingehalten werden müssen, dass [es] Feedback immer wieder gibt [und] dass das […] portionsweise aufbereitet wird."[320] Eine Befragte einer Destination fordert konkret „einen Chat-Bereich zu haben, indem man Fragen stellen kann, die aber nicht irgendwann zwei Tage später, sondern die sehr aktuell beantwortet werden. Also […] am besten einen Chat, der auch sofort bedient

---

318 Interviewpartner #21, Interview (telefonisch), FH Westküste, 02.08.2013.
319 Interviewpartner #1, Interview (telefonisch), FH Westküste, 07.08.2013.
320 Interviewpartner #12, Interview (telefonisch), FH Westküste, 30.07.2013.

wird."³²¹ Ein Befragter, der im Befragungszeitraum gerade selbst eine Weiterbildung besucht hat, stellt fest, wie wichtig es ist, „dass es tatsächlich eine feste Präsenzzeit [...] gibt – [...] man läuft ja sonst Gefahr, dass man sich immer Einloggen kann und die Inhalte dann selbst am Bildschirm abarbeitet [...]."³²² Er ergänzt als Anforderung, dass diese Seminare von Personen geführt werden und es auch die Möglichkeit gibt in Kontakt zu treten.³²³

Neben dem Austausch mit dem Dozenten bzw. der Dozentin ist auch der Austausch untereinander eine wichtige Komponente für die Befragten.³²⁴ Es „müsste ziemlich interaktiv sein. Angebote, wo mehrere Leute dabei sind, mit Videokonferenzen usw., dass man da auch [...] interaktiver mit agiert [...] und nicht stupide eine Präsentation online macht."³²⁵ Ebenfalls in der Hotellerie tätig, sagte eine Befragte: „Das fände ich schon mal wichtig, dass [...] man gemeinsam Dinge erarbeiten kann."³²⁶ Eine Befragte aus einer Destination verlangt, dass es auch zwischendrin die Möglichkeit gäbe sich zu treffen und kollaborativ zu arbeiten.³²⁷ Zudem wurde genannt, dass eine Online-Weiterbildung technisch schnell, einfach und effizient sein muss, die technischen Voraussetzungen vorab klar sein müssen und kein extra Programm erforderlich ist.³²⁸

Neben den drei Anforderungsbereichen Kommunikation, Arbeitsorganisation und Technik wird aber auch der Aspekt der Freude beim Lernen bspw. durch Edutainment³²⁹ sowie Usability (Benutzerfreundlichkeit) der Online-Plattform genannt (siehe Tabelle 5). Dies zeigen die nachfolgenden Antworten. „Auf jeden Fall muss es spannend sein und sich [...] abheben von dem normalen klassischen Bildschirmkram, den man sonst so auf dem Schirm hat [...], es muss so attraktiv gestaltet sein, dass man auch Spaß daran hat, Dinge zu machen. Und kurzweilig."³³⁰ „[Die] Aufbereitung muss begeistern, dass man dran bleibt [...]"³³¹ ergänzt ein

---

321 Interviewpartner #5, Interview (telefonisch), FH Westküste, 31.07.2013.
322 Interviewpartner #11, Interview (telefonisch), FH Westküste, 09.08.2013.
323 Vgl. Interviewpartner #11, Interview (telefonisch), FH Westküste, 09.08.2013.
324 Zur Wichtigkeit von Interaktion zwischen den Teilnehmenden vgl. auch Rettig und Warszta 2016.
325 Interviewpartner #6, Interview (telefonisch), FH Westküste, 06.08.2013.
326 Interviewpartner #22, Interview (telefonisch), FH Westküste, 29.07.2013.
327 Vgl. Interviewpartner #23, Interview (telefonisch), FH Westküste, 23.07.2013.
328 Vgl. bspw. die Aussagen der Interviewpartner #2 (schnell), #3 (effizient), #11 (technischen Voraussetzungen vorab klar), #15 (einfach zu bedienen und kein extra Programm notwendig).
329 Wortneuschöpfung aus *education* (Bildung) und *entertainment* (Unterhaltung)
330 Interviewpartner #13, Interview (telefonisch), FH Westküste, 29.07.2013.
331 Interviewpartner #12, Interview (telefonisch), FH Westküste, 30.07.2013.

weiterer Befragter. Während eine Befragte aus dem Reisevermittlerbereich eine methodische Aufbereitung so gestaltet haben möchte, „dass man es sich selbst erarbeiten und erschließen kann"[332], wünscht sich ein Branchenkollege, dass es einen Dozenten/eine Dozentin gibt, der/die „moderiert und anhand von Beispielen einen Weg aufzeigt."[333] Er fasst zusammen: „Alles muss auf jeden Fall praxisbezogen sein. Man muss damit etwas anfangen können. Es muss mitten aus dem Leben sein, aus dem Alltag."[334] Dabei ist auch ein „modulartiger Aufbau"[335] wichtig.

Tabelle 5: Anforderungen an Online-Weiterbildungsangebote[336]

Kommunikation	Arbeitsorganisation	Technik	Freude
• Fragen direkt stellen können • Antworten sofort erhalten • Echtzeit-Feedback • Austausch mit dem Dozenten • Austausch untereinander • Angebote, wo mehrere Leute dabei sind, mit Videokonferenzen	• Zwischenschritte sollen vorgegeben und eingehalten werden • feste Präsenzzeiten • modulartiger Aufbau	• technisch schnell • einfach zu bedienen • effizient • technischen Voraussetzungen müssen vorab klar sein • es sollten keine extra Programme / Installationen erforderlich sein	• Freude am Lernen • spannend • attraktiv gestaltet • kurzweilig • praxisbezogen • aus dem Leben • aus dem Alltag

Die Frage nach den Anforderungen wird vereinzelt von den Befragten noch einmal genutzt, um auf im Vorfeld schon genannte inhaltliche, finanzielle und zeitliche Anforderungen (siehe Kapitel 8) hinzuweisen. Inhaltlich sind der bereits zitierte Praxisbezug und die Aktualität der Inhalte den Befragten wichtig.[337] Die Passung mit dem (betrieblichen) Tagesablauf und die zeitliche Flexibilität sowie verbindliche Termine werden als organisatorische Anforderungen gestellt.[338]

---

332 Interviewpartner #20, Interview (telefonisch), FH Westküste, 23.07.2013.
333 Interviewpartner #18, Interview (telefonisch), FH Westküste, 14.08.2013.
334 Interviewpartner #18, Interview (telefonisch), FH Westküste, 14.08.2013.
335 Interviewpartner #11, Interview (telefonisch), FH Westküste, 09.08.2013.
336 Eigene Darstellung auf Basis der geführten Interviews.
337 Vgl. bspw. die Aussagen der Interviewpartner #9, #17 zu dieser Frage
338 Vgl. bspw. die Aussagen der Interviewpartner #23, #14 und #11 (zur Passung in den Tagesablauf), #15, #14, #4 und #2 (zeitliche Flexibilität) sowie #17, #14 und #11 (verbindliche Termine)

Auch die Finanzierbarkeit der Weiterbildung wird als Anspruch benannt.[339] Diese Rahmenbedingungen sind also neben den Anforderungen an Kommunikation, Arbeitsorganisation und Technik sowie der Freude am Lernen in der Gestaltung von Weiterbildungsangeboten zu berücksichtigen.

Exkurs: Anforderung an eine verbesserte Durchlässigkeit der Bildungswege

Einzelne Befragte stellen die Anforderung, Weiterbildungsstudiengänge auch für Nicht-Hochschulabsolventen anzubieten und eine Anerkennung von beruflich erworbenen Kompetenzen auf den Zugang zu akademischen Weiterbildungsangeboten zu schaffen. Wie im Vorwort benannt, ist es Ziel des Bund-Länder-Wettbewerbs *Aufstieg durch Bildung: offene Hochschulen,* „Konzepte für berufsbegleitendes Studieren und lebenslanges, wissenschaftliches Lernen besonders für Berufstätige, Personen mit Familienpflichten und Berufsrückkehrer/-innen zu fördern. Außerdem soll eine engere Verzahnung von beruflicher und akademischer Bildung erreicht und neues Wissen schnell in die Praxis integriert werden."[340] Den Kern dieser Zielsetzung reflektiert die schon zitierte Feststellung eines Interviewpartners: „Es gibt in meinen Augen noch keine wirklichen Weiterbildungsangebote für Touristiker, die nicht ihrerseits Hochschulabgänger sind an Hochschulen. Wenn sie das schaffen – in Form einer, wie soll man sagen, Weiterbildung im Beruf oder berufsbegleitenden Weiterbildung – auch hochschulaffine Weiterbildungsgänge für Nichthochschulabgänger anzubieten, dann könnte das sicherlich sehr sinnvoll sein. Dann würde das, glaube ich, die Tourismusbranche auch zunehmend nutzen."[341] Um die Anerkennung beruflich erworbener Kompetenzen bspw. für den Online-Masterstudiengang Tourismusmanagement qualitätsgesichert zu betreiben, müssen die Besonderheiten bei der Entwicklung von Anrechnungsverfahren von im Tourismus formal und informell erworbener beruflicher Kompetenzen für den Hochschulzugang vertiefender erforscht und erprobt werden. Eine erste Analyse zum Thema Master ohne Bachelor im Tourismus macht deutlich, dass Anrechnung und Anerkennung von erworbenen Kompetenzen – und damit qualitätsgesicherte Übergänge zwischen den Qualifi-

---

339 Vgl. bspw. die Aussagen der Interviewpartner #14 und #17. Zu den Gründen für eine Investition in Weiterbildung, siehe Kapitel 8.
340 Vgl. BMBF 2015a.
341 Interviewpartner #1, Interview (telefonisch), FH Westküste, 07.08.2013.

zierungsangeboten – ein zentrales Thema der Diskussion zur Verbesserung der Durchlässigkeit des Bildungssystems ist.[342]

Interessant wäre darüber hinaus nach dem Start des Studiengangs mit Hilfe einer Erstsemesterbefragung (Null-Messung) und einer Evaluation zum Ende des ersten Semesters auch valide Daten zur Erfüllung der Erwartungshaltung an einen onlinegestützten und berufsbegleitenden Weiterbildungsstudiengang zu bekommen und auszuwerten. Die Instrumente *Erstsemesterbefragung* und *Semesterevaluation* werden im Rahmen des Qualitätsmanagements der Fachhochschule Westküste bereits eingesetzt und sollen auch im Online-Masterstudiengang Tourismusmanagement genutzt werden.

---

342   Vgl. Rettig 2016.

11. Zusammenfassung, Ausblick und weiterer Forschungsbedarf

Mit tragbaren Computern (wie *laptop*, *tablet* und *wearables*), Mobiltelefonen (*smartphones*) und weiteren intelligenten Systemen werden immer mehr Lebensbereiche digital angereichert. Der Bereich der Bildung macht hier keine Ausnahme. Die Lern- und Arbeitswelt verändert sich und damit auch die Anforderungen an Aus-, Fort- und Weiterbildung.[343] Gründe für die Veränderungen liegen nicht nur in technisch-ökonomischen Entwicklungen, die zu einer mehr und mehr globalisierten Wissens- und Informationsgesellschaft führen, auch die demografischen Veränderungen in den Industriestaaten erfordern ein Umdenken in Richtung Lebenslanges Lernen. Die Alterung der Gesellschaft, die Schrumpfung der Belegschaften, die kleiner werdende Zahl an Nachwuchskräften und die Verlängerung der Lebensarbeitszeit stellen akute Anforderungen an die Entwicklung innovativer Lehr-Lern-Formate. Aber auch die zunehmende Verschmelzung von Familie, Freizeit und Arbeit zeigt einen Wertewandel in der gesellschaftlichen Entwicklung auf, der mit einer zunehmenden Individualisierung einhergeht.[344]

Jede Generation produziert neues Wissen. Publikationen geschehen heute vermehrt unmittelbar und sind über das Internet immer und überall abrufbar (*open access*). Auf diese Weise wird der verfügbare Wissenspool immer größer. Gleichzeitig wird der Zeitraum, in welchem Informationen aktuell sind, immer kürzer (*Halbwertzeit des Wissens*).[345] Der schnelle Verfallsprozess von Wissen und die eingangs genannten Megatrends der Arbeitswelt machen bereits deutlich, warum Lebenslanges Lernen gesellschaftlich relevant und notwendig ist.

Darüber hinaus konnte aufgezeigt werden, das auf dem Weg einer Digitalisierung der Bildung zunächst grundlegende Fragen zu beantworten sind, die erklären, warum und wie wir lernen. Über ein Verständnis der Gründe, die auch auf individueller Ebene dafür sprechen ein Leben lang zu lernen, lassen sich die unterschiedlichen Formate des Lernens in einer digitalisierten Welt einordnen und die nachfolgenden Handlungsempfehlungen digitaler (Weiter-)Bildungsformate in der Tourismusbranche verstehen. Zusammenfassend lieferte

---

343 Zur Abgrenzung der Begriffe siehe Kapitel 2 dieses Buches.
344 Vgl. Walter et al. 2013, S. 26–48 sowie detailliert Kapitel 3 dieses Buches.
345 Die Zeiträume variieren je nach Informationsart, vgl. Kapitel 3 dieses Buches.

die qualitative Forschung für Weiterbildungsanbieter in der Branche folgende Ergebnisse:[346]

Angebote für eine berufstätige Zielgruppe leben von der Anwendungsorientierung, dem *learning by doing* anhand von Fallbeispielen, in Interaktion mit anderen Lernern[347] und von den Dozentinnen und Dozenten. Gut zusammengefasst hat dies eine Interviewpartnerin: Das Angebot müsse „gestützt sein, unterstützt sein, es muss eine persönliche Ansprechbarkeit da sein. [Das heißt] dass ein Dozent auch persönlich erreichbar ist, dass die Weiterbildung [...] ein Gesicht hat für den Teilnehmer."[348]

Trotz Skepsis einiger Interviewpartner hinsichtlich – ggf. seitens der Führung auch unerwünschter – Effekte von Weiterbildung, wie möglicherweise resultierender und im Unternehmen nicht realisierbarer Aufstiegsbestrebungen von Mitarbeitern oder gar Mitarbeiterabwanderungen nach der Weiterbildung, benennen die Interviewpartner deutlich die Vorteile von Online-Weiterbildungsangeboten. Es entstehen Skaleneffekte für die Arbeitgeber, da mehrere Mitarbeiter gleichzeitig – und auch räumlich getrennt – geschult werden können. Die Vorteile liegen aber nicht nur auf Seiten des nachfragenden Unternehmens, die mehr als einen Mitarbeiter so weiterbilden möchte, sondern auch auf Seiten des Anbieters, der sein Weiterbildungsangebot viel breiter distribuieren kann. Der Teilnehmende profitiert von der Ortsunabhängigkeit seiner Teilnahme und ggf. auch von einer zeitlichen Flexibilität in der Einteilung der Selbstlernzeiten von multimedial aufbereitetem Material. In den Wirtschaftswissenschaften wird in diesem Zusammenhang von einer *win-win-win*-Situation gesprochen, da alle Beteiligten profitieren (gewinnen).

Bei Online-Weiterbildungsangeboten ist dabei auf einen ausgewogenen Einsatz von Präsenzphasen zu achten, der zum einen die Berufstätigkeit und die Termindichte der Zielgruppe berücksichtigt, zum anderen aber auch die positiven Effekte der Gruppendynamik nutzt, die entstehen können, wenn sich die Teilnehmenden der Weiterbildung auch persönlich begegnen und miteinander arbeiten, bspw. in einer gemeinsamen Einführungsveranstaltung oder in einer intensiven, geblockten Wochenendpräsenz.

Zudem wurde deutlich, dass Online-Weiterbildungsanbieter auch das Thema Medienkompetenz mehr in den Fokus ihres Angebots rücken müssen, damit

---

346 Zum Forschungsdesign siehe Kapitel 7, zur Auswertung siehe Kapitel 8 bis 10 dieses Buches.
347 Vgl. zur Interaktion auch Rettig und Warszta 2016.
348 Interviewpartner #25, Interview (telefonisch), FH Westküste, 15.08.2013.

die zunehmende Technisierung der Arbeitswelt nicht zur Technikhürde wird, sondern verständlich wird, wie medienunterstützt eine schnelle und einfache Interaktion ortsunabhängig funktioniert. Um dieses Ziel zu erreichen, sollten die aktuellen und zukünftigen Möglichkeiten des Austauschs und des Miteinander-Arbeitens in Online-Lernräumen ein wichtiger Bestandteil für die Kommunikation der Online-Weiterbildungsanbieter werden.

Aufbauend auf den theoretischen Modellen, die Ansätze liefern, wie und warum wir lernen, zeigen die Forschungsergebnisse zur Online-Weiterbildung im Tourismus auch in der Gesamtbetrachtung, dass Weiterbildung von allen Interviewten als wichtig erkannt und benannt wird. Dabei decken sich die persönlichen Beweggründe der Mitarbeiter und Mitarbeiterinnen mit den Gründen der Arbeitgeber.

Der Wunsch zur Selbstaktualisierung und Horizonterweiterung treibt die Arbeitnehmer an. Denn bestehendes Wissen zu erweitern und zu vertiefen, hat nicht nur für den Einzelnen den Reiz sich neue Perspektiven auf das eigene Arbeitsfeld zu erschließen, sondern auch die eigene Beschäftigungsfähigkeit (*employability*) zu erhalten.[349]

Der Arbeitgeber profitiert genauso von der Wissenserweiterung, da er das Unternehmen insgesamt durch seine lebenslang lernenden Mitarbeiter und Mitarbeiterinnen auf dem aktuellen Stand und damit agil am Markt hält. Die persönliche Weiterentwicklung der Angestellten durch verbesserte Sozial- und Fachkompetenzen wirkt nicht nur motivierend, sondern führt auch übergeordnet zu einer Weiterentwicklung der Kompetenzen des (touristischen) Betriebs.

Wenn die benannten Rahmenbedingungen Zeit und Finanzierung für Weiterbildung seitens der Unternehmensleitung geschaffen werden, profitieren Mitarbeiter und Mitarbeiterinnen genauso, wie die Arbeitgeber von der systematischen Verankerung von Weiterbildung im Unternehmen. Das Etablieren digitaler Weiterbildungsformate im Unternehmen ist eine strategische Aufgabe und damit Auftrag der Führungsebene.

Dabei stellt sich die Investition in Weiterbildung als klassische *make or buy* Entscheidung dar. Externes Wissen und Können kann zum einen in Form von Dozentinnen und Dozenten eingekauft werden, bspw. für eine In-House-Schulung, zum anderen können einzelne Mitarbeiter und Mitarbeiterinnen individuell und finanziell unterstützt werden. Alternativ können auch die Arbeitnehmer eines Unternehmens durch spezifische Formate des unternehmensinternen Wissens-

---

349 Siehe hierzu im Detail dies Ausführungen in Kapitel 9.

managements (wie bspw. *tool-time*[350] oder 10-Minuten-Stehkaffee[351]) voneinander lernen. Wissen und Können werden unternehmensintern auf- und ausgebaut, die Förderung geschieht durch Einräumen von Zeit für diese Maßnahmen.

Für eine zeitliche Freistellung der Mitarbeiter und Mitarbeiterinnen als Förderungsinstrument sprechen vor allem zwei Gründe. Zum einen ist sie einfach umzusetzen, da das Einräumen von Zeit direkt durch den Vorgesetzten geschehen kann. Zum anderen tritt eine zeitliche Freistellung dem erlebten Zeitmangel entgegen, der als eines der größten Hemmnisse für die Nutzung von Weiterbildungsangeboten genannt wird. Zusammenfassend erklärt ein befragter Geschäftsführer einer Destination das Beheben des erlebten Zeitmangels als Aufgabe der Führungskräfte: „Das einzige Hemmnis, was man häufig verspürt, ist, dass der Mitarbeiter selbst in seinem tagtäglichen Arbeiten so einen Druck verspürt, den er sich auch häufig selbst macht, und dann sagt, er habe eigentlich gar keine Zeit für Weiterbildung, aber da kommen wir wieder ins Spiel von der Führungsebene, um dann zu sensibilisieren und zu sagen, Weiterbildung ist wichtig, nehmt euch doch die Zeit."[352]

Je nach Zielrichtung der Weiterbildung ist der Einkauf (*buy*) von spezialisiertem Wissen auf aktuellem Stand der Forschung und Technik oder auch das gemeinsame Erarbeiten eigener Weiterbildungsmaßnahmen (*make*) sinnvoll. Gerade die von den Befragten genannten Rahmenbedingungen verdeutlichen dies: Bei der Frage, wie ein Weiterbildungsangebot gemacht sein muss, ist den Befragten für die Teilnahme an einem Weiterbildungsangebot vor allem das Einpassen der Weiterbildung in den betrieblichen Tagesablauf wichtig. Die thematische Passung und die räumliche Entfernung des Angebots vom Standort des Unternehmens folgen als weitere Rahmenbedingungen.

---

350 Viele Mitarbeiter und Mitarbeiterinnen – insb. im Dienstleistungsbereich – arbeiten mit kleinen, hilfreichen Programmen (Werkzeuge, engl. *tools*) an ihrem Computerarbeitsplatz. In der *tool-time* stellt ein Nutzer/eine Nutzerin seinen Kolleginnen und Kollegen das von ihm/ihr genutzte Programm und ein Einsatzszenario kurz in zehn Minuten vor.

351 Bei diesem Format geht es darum das im Unternehmen verfügbare Wissen präsent zu machen und zu vernetzen. Dazu gibt ein Mitarbeiter/eine Mitarbeiterin einen kurzen Impuls zu einem Thema (max. 3 Minuten) und regt darüber den Austausch mit seinen/ihren Kollegen und Kolleginnen zu diesem Thema bei einer Tasse Kaffee an. Das vorhandene Wissen in den Köpfen der Kolleginnen und Kollegen wird so abgerufen, artikuliert und vernetzt. Dazu findet das Steh-Kaffee wöchentlich zu einem festen Zeitpunkt statt, jeder kann teilnehmen und ein Thema einbringen.

352 Interviewpartner #26, Interview (telefonisch), FH Westküste, 29.10.2013.

Weiterer Forschungsbedarf besteht an der Schnittstelle von Unternehmen und Weiterbildungseinrichtung, insbesondere bei der Frage, wie den Hinderungsgründen (bspw. Zeitmangel, aber auch Finanzierung) durch gezielte Beratung begegnet werden kann. Die Fragestellung könnte lauten: Durch welche Beratungskonzepte ließe sich die Weiterbildungsteilnahme fördern? Zudem wird nach der Entscheidung für eine Weiterbildungsteilnahme insbesondere bei weiterbildenden Studiengängen die Frage relevant, welche Gründe zu einem Abbruch eines weiterbildenden (Online-)Studiums führen. Daran anschließend lässt sich auch hier die Frage stellen, welche Beratungs- und Betreuungsleistungen einem Abbrechen der berufstätigen, familiär eingebundenen Zielgruppe entgegenwirken können.

Die vorliegende empirische Untersuchung hat gezeigt, dass die Auseinandersetzung mit Weiterbildung und digitalen Formaten eine strategische sein muss. Bleibt die langfristige Weiterentwicklung des Personals des Unternehmens bzw. der Destination hinter dem Tagesgeschäft zurück, wirkt sich dies nachteilig auf die Konkurrenzfähigkeit des Unternehmens bzw. der Destination aus. Auch wenn sich der erlebte Zeitmangel als Hemmnis einer Teilnahme nicht komplett ausräumen lässt, bietet die Digitalisierung der (Weiter-)Bildung jedoch Chancen dem Zeitproblem entgegenzuwirken. Voraussetzung ist, dass erkannt wird, dass Weiterbildung eine strategische Investition in das eigene Unternehmen, in die eigene Person und in die (touristische) Region ist. Digitale Lernformate helfen hier freie Zeitfenster zu nutzen, Lerneinheiten zu individualisieren und zu portionieren, so dass sie flexibel und ortsunabhängig genutzt und wiederholt werden können. So wird die Fähigkeit lebenslang zu lernen nicht nur maßgeblich für den Erfolg des Einzelnen, sondern auch für das nachhaltige Bestehen von Unternehmen und Destinationen.

Literaturverzeichnis

Aberšek, Boris; Borstner, Bojan; Bregant, Janez (2014): Virtual teacher. Cognitive approach to e-learning material. Newcastle upon Tyne, U.K.: Cambridge Scholars Publishing.

Arnold, Patricia; Kilian, Lars; Thillosen, Anne; Zimmer, Gerhard M. (2015): Handbuch E-Learning. Lehren und Lernen mit digitalen Medien. 4. Aufl., erw. Ausg. Bielefeld: Bertelsmann, W.

Badaracco, Joseph (1991): The knowledge link. How firms compete through strategic alliances. Boston, Mass.: Harvard Business School Press.

Ballod, Matthias (2009): Wer weiß was? Eine synkritische Betrachtung. In: Tilo Weber und Gerd Antos (Hg.): Typen von Wissen. Begriffliche Unterscheidung und Ausprägungen in der Praxis des Wissenstransfers. Frankfurt, M., Berlin, Bern, Bruxelles, New York, NY, Oxford, Wien: Lang (Transferwissenschaften, Bd. 7), S. 23–30.

Barthelmeß, Hartmut (2015): E-Learning – bejubelt und verteufelt. Lernen mit digitalen Medien, eine Orientierungshilfe. Bielefeld: W. Bertelsmann Verlag.

Becker, Gary Stanley (1993): Der ökonomische Ansatz zur Erklärung menschlichen Verhaltens. 2. Aufl. Tübingen: Mohr (Die Einheit der Gesellschaftswissenschaften, Bd. 32).

Bennet, Liz; Burton, Steven; Iredale, Alison; Reynolds, Cheryl; Andrew, Youde (2014): Learning and teaching with technology. In: Avis, James; Fisher, Roy und Thompson, Ron (Hg.): Teaching in lifelong learning. A guide to theory and practice. Second edition: Open University Press.

Berufsbildungsgesetz (BBiG) Online verfügbar unter https://www.juris.de/purl/gesetze/_ges/BBiG, zuletzt geprüft 04.01.2016.

BIBB (Hg.) (2015): Datenreport zum Berufsbildungsbericht 2015. Informationen und Analysen zur Entwicklung der beruflichen Bildung. Bonn. Online verfügbar unter http://www.bibb.de/dokumente/pdf/bibb_datenreport_2015.pdf, zuletzt geprüft am 06.08.2015.

Bilger, Frauke; Gnahs, Dieter; Hartmann, Josef; Kuper, Harm (Hg.) (2013): Weiterbildungsverhalten in Deutschland. Resultate des Adult Education Survey 2012. Bielefeld. Online verfügbar unter www.die-bonn.de/doks/2013-weiterbildungsverhalten-01.pdf, zuletzt geprüft am 11.12.2015.

BMBF (2011a): Deutscher Qualifikationsrahmen für Lebenslanges Lernen. Verabschiedet vom Arbeitskreis Deutscher Qualifikationsrahmen (AK DQR) am 22. März 2011. Online verfügbar unter http://www.dqr.de/media/content/

Der_Deutsche_Qualifikationsrahmen_fue_lebenslanges_Lernen.pdf, zuletzt geprüft am 03.08.2015.

BMBF (2014): Bologna-Prozess. Die Entwicklung von den Anfängen bis heute. Online verfügbar unter http://www.bmbf.de/de/15553.php, zuletzt aktualisiert am 18.06.2014, zuletzt geprüft am 03.08.2015.

BMBF (2015a): Bund-Länder-Wettbewerb „Aufstieg durch Bildung: offene Hochschulen". Online verfügbar unter http://www.wettbewerb-offene-hochschulen-bmbf.de, zuletzt geprüft am 30.06.2015.

BMBF (2015b): Der Bologna-Prozess – die Europäische Studienreform. Berlin. Online verfügbar unter https://www.bmbf.de/de/der-bologna-prozess-die-europaeische-studienreform-1038.html, zuletzt aktualisiert am 04.09.2015, zuletzt geprüft am 25.02.2016.

BMBF (2015c): Berufsbildungsbericht 2015. Berlin. Online verfügbar unter http://www.bmbf.de/pub/Berufsbildungsbericht_2015.pdf, zuletzt geprüft am 06.08.2015.

BMBF (2015d): Weiterbildung: Lebenslanges Lernen sichert die Zukunftschancen. Online verfügbar unter http://www.bmbf.de/de/lebenslangeslernen.php, zuletzt geprüft am 01.06.2015.

Boud, David; Solomon, Nicky (2001): Work-based learning. A new higher education? Philadelphia, Pa.: Society for Research into Higher Education und Open University Press.

Boys, Jos (2015): Building better universities. Strategies, spaces, technologies. New York: Routledge (Taylor und Francis).

Brennan, Lyn (2005): Integrating work-based learning into higher education. A guide to good practice. Bolton: University Vocational Awards Council.

Brinck, Christine (2015): Fernstudium: Massiv gescheitert. Kostenlose Onlinekurse für Millionen – das galt einst als Zukunft der Universität. Doch die Abbrecherzahlen sind hoch. Nun machen ihnen Kurse für Kleingruppen Konkurrenz. In: Die Zeit online, 12.11.2015. Online verfügbar unter http://www.zeit.de/2015/44/fernstudium-online-kurse-erfolg-moocs-spocs, zuletzt geprüft am 24.11.2015.

Bullen, Mark; Janes, Diane P. (2007): Making the transition to E-learning. Strategies and issues. Hershey, PA: Information Science Pub (Gale virtual reference library).

Bundesfinanzhof (18.11.2015): Kindergeld: Konsekutives Masterstudium als Teil der Erstausbildung. Urteil vom 3.9.2015, VI R 9/15. Pressemitteilung Nr. 78 vom 18. November 2015. München. Pressestelle des Bundesfinanzhofs. Online verfügbar unter http://juris.bundesfinanzhof.de/cgi-bin/rechtsprechung/

druckvorschau.py?Gericht=bfhundArt=pmundnr=32367, zuletzt geprüft am 04.01.2016.

Calmbach, Lucas (2012): Realisierung einer Social-Media-Lernumgebung. In: HMD – Praxis der Wirtschaftsinformatik (287), S. 44–51, zuletzt geprüft am 15.12.2015.

Castells, Manuel (2001): Der Aufstieg der Netzwerkgesellschaft. Opladen: Leske und Budrich (Das Informationszeitalter, 1).

Clark, Ruth Colvin; Mayer, Richard E. (2011): E-learning and the science of instruction. Proven guidelines for consumers and designers of multimedia learning. Third edition. San Francisco, CA: Pfeiffer.

Coase, R. H. (1937): The Nature of the Firm. In: Economica 4 (16), S. 386–405.

Coughlan, Sean (2013): Harvard plans to boldly go with 'Spocs'. In: BBC News online, 24.09.2013. Online verfügbar unter http://www.bbc.com/news/business-24166247, zuletzt geprüft am 20.06.2016.

Deutscher Bildungsrat, Bildungskommission (Hg.) (1970): Strukturplan für das Bildungswesen. verabschiedet auf der 27. Sitzung der Bildungskommission am 13. Februar 1970. Bonn (Empfehlungen der Bildungskommission).

Downes, Stephen (2012): Connectivism and Connective Knowledge. Essays on meaning and learning networks. Hg. v. National Research Council Canada. Online verfügbar unter www.downes.ca/files/books/Connective_Knowledge-19May2012.pdf, zuletzt geprüft am 10.05.2016.

Dräger, Jörg; Ziegele, Frank (Hg.) (2014): Hochschulbildung wird zum Normalfall. Ein gesellschaftlicher Wandel und seine Folgen. Unter Mitarbeit von Jan Thimann, Ulrich Müller, Melanie Rischke und Samira Khodaei. CHE Centrum für Hochschulentwicklung. Gütersloh, S. 9, Online verfügbar unter http://www.che.de/downloads/Hochschulbildung_wird_zum_Normalfall_2014.pdf, zuletzt geprüft am 02.04.2015.

Drucker, Peter F. (1993): Post-capitalist society. First edition. New York, NY: Harper Business.

Dweck, C. S.; Legett, F. L. (1988): A social-cognitive approach to motivation and personality. In: Psychological Review (95), S. 256–273. Online verfügbar unter https://web.stanford.edu/dept/psychology/cgi-bin/drupalm/system/files/A%20social-cognitive%20approach_0.pdf, zuletzt geprüft am 28.05.2015.

Ehlers, Ulf-Daniel (2004): Qualität im E-Learning aus Lernersicht. Grundlagen, Empirie und Modellkonzeption subjektiver Qualität. Wiesbaden: VS Verlag für Sozialwissenschaften.

Eilzer, Christian (2008): Touristische Schriftenreihen. Instrument zum Wissenstransfer vor dem Hintergrund veränderter Qualifizierungsnotwendigkeiten im Tourismus. Saarbrücken: VDM Verlag Dr. Müller.

Eisenstein, Bernd (2014): Grundlagen des Destinationsmanagements. 2. Aufl. München: Oldenbourg.

Erpenbeck, John; Sauter, Simon; Sauter, Werner (2015): E-Learning und Blended Learning. Selbstgesteuerte Lernprozesse zum Wissensaufbau und zur Qualifizierung. Wiesbaden: Springer Fachmedien Wiesbaden (essentials).

Euler, Dieter; Seufert, Sabine (2005): Von der Pionierphase zur nachhaltigen Implementierung – Facetten und Zusammenhänge einer pädagogischen Innovation. In: Dieter Euler und Sabine Seufert (Hg.): E-Learning in Hochschulen und Bildungszentren. München [u. a.]: Oldenbourg (E-Learning in Wissenschaft und Praxis, 1), S. 1–24.

Europäische Kommission (Hg.) (2001): Mitteilung der Kommission. Einen europäischen Raum des Lebenslangen Lernens schaffen. KOM(2001) 678 endgültig. Brüssel. Online verfügbar unter https://www.bibb.de/dokumente/pdf/foko6_neues-aus-euopa_04_raum-lll.pdf, zuletzt geprüft am 11.12.2015.

Feil, Thomas (2005): Zukunftsverträgliche Arbeits- und Unternehmensgestaltung in der Tourismuswirtschaft. Herangehensweisen, Lösungen und Praxisbeispiele. Berlin: IZT (Werkstattberichte / IZT, Institut für Zukunftsstudien und Technologiebewertung, Nr. 70). Online verfügbar unter https://www.izt.de/fileadmin/downloads/pdf/IZT_WB70.pdf, zuletzt geprüft am 18.09.2015.

Flick, Uwe (2007): Qualitative Sozialforschung. Eine Einführung. Vollst. überarb. und erw. Neuausg. 2007, 4. Aufl. Reinbek bei Hamburg: Rowohlt-Taschenbuch-Verl.

Florida, Richard L. (2012): The rise of the creative class, revisited. New York: Basic Books.

Fox, Armando (2013): From MOOCs to SPOCs. In: Commun. ACM 56 (12), S. 38–40. Online verfügbar unter http://cacm.acm.org/magazines/2013/12/169931-from-moocs-to-spocs/abstract, zuletzt geprüft am 23.02. 2017. DOI: 10.1145/2535918.

Garrison, D. R. (2011): E-learning in the 21st century. A framework for research and practice. Second ed. New York: Routledge.

Gerrig, Richard J.; Zimbardo, Philip G. (2008): Psychologie. 18. Aufl. München: Pearson Deutschland.

Giannoulis, Christos (2014): Nutzung von Multimedia in der beruflichen Orientierung sowie Aus- und Weiterbildung. In: Bauer, Thomas A.; Ivanisin, Marko und Mikuszeit, Bernd (Hg.) (2014): Medien für die Europäische Bildungsgesellschaft. Medienbildung – Medienbewertung – Mediennutzung. Frankfurt: Peter Lang GmbH, Internationaler Verlag der Wissenschaften, S. 403–412.

Granovetter, Mark S. (1973): The Strength of Weak Ties. In: American Journal of Sociology Volume 78 (Issue 6), S. 1360–1380. Online verfügbar unter https://

sociology.stanford.edu/sites/default/files/publications/the_strength_of_ weak_ties_and_exch_w-gans.pdf, zuletzt geprüft am 17.05.2016.

Handke, Jürgen (2016): So Geht's! – 6 Schritte in die Digitalisierung. YouTube. Online verfügbar unter https://www.youtube.com/watch?v=i5drxPQEcQc, zuletzt geprüft am 28.06.2016.

Hanft, Anke; Pellert, Ada; Cendon, Eva; Wolter, Andrä (2016): Bedarf und Nachfrage. In: Anke Hanft, Katrin Brinkmann, Stefanie Kretschmer, Annika Maschwitz und Joachim Stöter (Hg.): Organisation und Management von Weiterbildung und Lebenslangem Lernen an Hochschulen. Ergebnisse der wissenschaftlichen Begleitung des Bund-Länder-Wettbewerbs „Aufstieg durch Bildung: offene Hochschulen". Band 2. 1. Auflage, neue Ausgabe. Münster: Waxmann. S. 110–112.

Haußmann, Daniela (2011): E-Learning: Weiterbildung an Ort und Stelle. Immer mehr Hotel- und Restaurantketten setzen auf das Lernen am Bildschirm / Zielgerichtete Angebote mit geringerem Zeit- und Kostenaufwand. In: Allgemeine Hotel- und Gastronomie-Zeitung (AHGZ) 2011/8, S. 3. Online verfügbar unter http://www.ahgz.de/jobs-und-karriere/e-learning-weiterbildung-an-ort-und-stelle,200012183634.html, zuletzt geprüft am 21.05.2015.

Heigert, Helmut (2013): Wissen online auffrischen. DEHOGA Schleswig-Holstein startet Internetportal für Auszubildende in der Gastronomie. In: Allgemeine Hotel- und Gastronomie-Zeitung (AHGZ) 2013/2. Online verfügbar unter http://www.ahgz.de/jobs-und-karriere/wissen-online-auffrischen, 200012201220.html, zuletzt geprüft am 22.05.2015.

Herzberg, Frederick; Mausner, Bernard; Snyderman, Barbara Bloch (2010): The Motivation to Work. 12. Aufl. (Originalausgabe: 1959) New York: Wiley.

Hilke, Wolfgang (1989): Dienstleistungs-Marketing. Wiesbaden: Gabler (Schriften zur Unternehmensführung, 35).

Höbarth, Ulrike (2013): Konstruktivistisches Lernen mit Moodle. Praktische Einsatzmöglichkeiten in Bildungsinstitutionen. 3., aktualisierte und erg. Aufl. Boizenburg: Hülsbusch (E-Learning).

Homburg, Christian (2008): Kundenzufriedenheit. Konzepte, Methoden, Erfahrungen. 7., überarb. Aufl. Wiesbaden: Gabler (Wissenschaft und Praxis).

Hornbostel, Stefan; Möller, Torger (2015): Die Exzellenzinitiative und das deutsche Wissenschaftssystem. Eine bibliometrische Wirkungsanalyse. Berlin-Brandenburgische Akademie der Wissenschaften (BBAW). Berlin: Berlin-Brandenburgische Akademie der Wissenschaften (Wissenschaftspolitik im Dialog, 12/2015). Online verfügbar unter www.bbaw.de/publikationen/ wissenschaftspolitik_im_dialog/BBAW_WiD-12_PDF-A1b.pdf, zuletzt geprüft am 26.01.2016.

Horster, Eric (2015): Die Customer Journey im digitalen Tourismusmarketing. In: Axel Schulz, Uwe Weithöner, Roman Egger und Robert Goecke (Hg.): E-Tourismus: Prozesse und Systeme. Informationsmanagement im Tourismus. 2. Aufl. Berlin: De Gruyter (Lehr- und Handbücher zu Tourismus, Verkehr und Freizeit), S. 94–116.

Huber, Anne A. (2005): Förderung fachlicher und überfachlicher Kompetenzen durch wechselseitiges Lehren und Lernen. In: Anne A. Huber (Hg.): Vom Wissen zum Handeln. Ansätze zur Überwindung der Theorie-Praxis-Kluft in Schule und Erwachsenenbildung. 1. Aufl. Tübingen: Huber, S. 201–216.

Hull, Clark L. (1943): Principles of Behavior: An Introduction to Behavior Theory. New York: Appleton-Century-Crofts.

Hy Academy GmbH (2015): GASTRO eLearning – besser zum Ziel. Online verfügbar unter http://www.ausbildung-lernen.de, zuletzt geprüft am 22.05.2015.

Institut für Arbeitsmarkt- und Berufsforschung (IAB) (Hg.) (2016): Qualifikationsspezifische Arbeitslosenquoten. Aktuelle Daten und Indikatoren. Unter Mitarbeit von Doris Söhnlein, Brigitte Weber und Enzo Weber. Nürnberg. Online verfügbar unter http://doku.iab.de/arbeitsmarktdaten/qualo_2016.pdf, zuletzt geprüft am 20.02.2017.

Jaspers, Wolfgang (Hg.) (2008): Wissensmanagement heute. Strategische Konzepte und erfolgreiche Umsetzung. München: Oldenbourg.

Jensen, Michael C.; Meckling, William H. (1976): Theory of the Firm: Managerial Behavior, Agency Costs and Ownership Structure. In: Journal of Financial Economics Vol. 3, Issue 4, S. 305–360. Online verfügbar unter http://uclafinance.typepad.com/main/files/jensen_76.pdf, zuletzt geprüft am 05.06.2015.

Kano, N., Seraku, N., Takahashi, F., and Tsuji, S. (1984): Attractive quality and must-be quality. In: Journal of the Japanese Society for Quality Control (14:2), S. 147–156.

Kerres, Michael (2012): Mediendidaktik. Konzeption und Entwicklung mediengestützter Lernangebote. 3. Aufl. München: Oldenbourg.

Kerres, Michael; Ojstersek, Nadine; Preussler, Annabell; Stratmann, Jörg (2009): E-Learning-Umgebungen in der Hochschule: Lehrplattformen und persönliche Lernumgebungen. In: Ullrich Dittler, J. Krameritsch, N. Nistor und Schwarz, C. Thillosen, A. (Hg.): E-Learning: eine Zwischenbilanz. Kritischer Rückblick als Basis eines Aufbruchs. Münster, New York, NY, München, Berlin: Waxmann (Medien in der Wissenschaft, Bd. 50), S. 101–116.

Kiendl-Wendner, Doris; Pauschenwein, Jutta (2015): MOOCs – Innovation in der Lehre Wissenschaftlich evaluiert. In: Forschungsforum der Österreichischen Fachhochschulen, Wegbereiter – Karrierepfade durch ein Fachhochschulstudium, Tagungsband, Hagenberg (8–9), S. 1–7.

Kroeber-Riel, Werner; Gröppel-Klein, Andrea (2013): Konsumentenverhalten. 10. Aufl. München: Vahlen, Franz (Vahlens Handbücher der Wirtschafts- und Sozialwissenschaften).

Krummenauer-Grasser, Astrid (2015): Das Lehr-Lern-Konzept ‚Lernen am Unterschied' in der wissenschaftlichen Weiterbildung. In: Olaf Hartung und Marguerite Rumpf (Hg.): Lehrkompetenzen in der wissenschaftlichen Weiterbildung. Konzepte, Forschungsansätze und Anwendungen. Wiesbaden: Springer Fachmedien Wiesbaden (Theorie und Empirie Lebenslangen Lernens), S. 133–154.

Kwast, Guido (2014a): Betreuungskonzept für den Online-Kurs – Hinweise für Mentorinnen und Mentoren. Lübeck. Online verfügbar unter http://linavo.oncampus.de/loop/Arbeitspaket_5.0, zuletzt geprüft am 25.10.2016.

Kwast, Guido (2014b): Leitfaden für die Erstellung des methodisch-didaktischen Konzeptes. Lübeck. Online verfügbar unter http://linavo.oncampus.de/loop/Arbeitspaket_5.0, zuletzt geprüft am 25.10.2016.

Latham, Gary P.; Locke, Edwin A. (2013): Goal Setting Theory, 1990. In: Edwin A. Locke und Gary P. Latham (Hg.): New developments in goal setting and task performance. 1 ed. New York: Routledge, S. 3–15.

Leal Filho, Walter (2015): E-Learning for sustainable development: the way ahead. In: Azeiteiro, Ulisses Miranda; Leal Filho, Walter und Caeiro, Sandra (Hg.): E-Learning and Education for Sustainability. Frankfurt: Peter Lang GmbH, Internationaler Verlag der Wissenschaften.

Leuphana Universität Lüneburg (2016): Professur für BWL, Tourismusmanagement. Aktuelle Mitteilungen – Achtung. Unter Mitarbeit von Annette Schimming. Online verfügbar unter http://www.leuphana.de/professuren/tourismusmanagement.html, zuletzt aktualisiert am 21.04.2016, zuletzt geprüft am 07.11.2016.

Maslow, A. H. (1943): A theory of human motivation. In: Psychological Review 50 (4), S. 370–396. DOI: 10.1037/h0054346.

Matzler, Kurt; Sauerwein, Elmar; Stark, Christian (2009a): Methoden zur Identifikation von Basis-, Leistungs- und Begeisterungsfaktoren. In: Hans Hartmann Hinterhuber und Kurt Matzler (Hg.): Kundenorientierte Unternehmensführung. Kundenorientierung – Kundenzufriedenheit – Kundenbindung. 6., überarb. Aufl. Wiesbaden: Gabler, S. 319–344.

Matzler, Kurt; Stahl, Heinz K.; Hinterhuber, Hans H. (2009b): Die Customer-based View der Unternehmung. In: Hans Hartmann Hinterhuber und Kurt Matzler (Hg.): Kundenorientierte Unternehmensführung. Kundenorientierung – Kundenzufriedenheit – Kundenbindung. 6., überarb. Aufl. Wiesbaden: Gabler, S. 3–32.

Meffert, Heribert; Bruhn, Manfred (2009): Dienstleistungsmarketing. Grundlagen – Konzepte – Methoden. 6., vollst. neubearb. Aufl. Wiesbaden: Gabler.

Meuser, Michael; Nagel, Ulrike (1991): Experteninterviews – vielfach erprobt, wenig bedacht. Ein Beitrag zur qualitativen Methodendiskussion. In: Detlef Garz und Klaus Kraimer (Hg.): Qualitativ-empirische Sozialforschung. Konzepte, Methoden, Analysen. Opladen: Westdeutscher Verlag, S. 441–471.

Muuß-Merholz, Jöran (2015): Die CC-Lizenzen im Überblick – Welche Lizenz für welche Zwecke? Zur passenden Lizenz mit vier einfachen Fragen und einer Infografik. Deutsches Institut für Erwachsenenbildung – Leibniz-Zentrum für Lebenslanges Lernen e. V. Bonn. Online verfügbar unter https://wb-web.de/material/medien/die-cc-lizenzen-im-uberblick-welche-lizenz-fur-welche-zwecke-1.html, zuletzt geprüft am 26.10.2016.

Nickel, Bettina; Michalik, Klaus D. (2003): Ausbildungstrends im europäischen Tourismus. Eine Studie zur Zukunft der Aus- und Weiterbildung im Tourismussektor.

Pavlov, Ivan Petrovitch (1928): Experimental psychology and psychopathology. In: W. Horsley Gantt (Hg.): Lectures on conditioned reflexes. Twenty-five Years of Objective Study of the Higher Nervous Activity (Behaviour) of Animals. Vol 1. New York: International Publishers, S. 47–60.

Pervin, Lawrence A. (1993): Persönlichkeitstheorien. Freud, Adler, Jung, Rogers, Kelly, Cattell, Eysenck, Skinner, Bandura u. a. dritte, neubearb. Aufl. München, Basel: Ernst Reinhardt Verlag.

Pichler, Martin (2015): Cebit: Mehr „Collaborative Learning" gefordert. In: Wirtschaft und Weiterbildung (05), S. 56–57.

Picot, Arnold; Reichwald, Ralf; Wigand, Rolf T. (2003): Die grenzenlose Unternehmung. Information, Organisation und Management. 5., aktualisierte Aufl. Wiesbaden. Gabler.

Piskurich, George M. (2015): Rapid Instructional Design. Learning ID Fast and Right. 3., Auflage. New York: John Wiley und Sons.

Probst, Gilbert; Raub, Steffen; Romhardt, Kai (2012): Wissen managen. Wie Unternehmen ihre wertvollste Ressource optimal nutzen. 7., überarb. und erw. Aufl. Wiesbaden: Gabler.

Rauch, Wolfgang (2000): Auf dem Weg zur Informationskultur – Meilensteine des Paradigmenwechsels. In: Thomas A. Schröder und Norbert Henrichs (Hg.): Auf dem Weg zur Informationskultur. Wa(h)re Information?; Festschrift für Norbert Henrichs zum 65. Geburtstag. Düsseldorf, Jena: Univ.-

und Landesbibliothek; IKS Garamond (Schriften der Universitäts- und Landesbibliothek Düsseldorf, Bd. 32), S. 25–30.

Reinmann, Gabi (2015): Studientext Didaktisches Design. Universität Hamburg, Hamburger Zentrum für Universitäres Lehren und Lernen. Hamburg. Online verfügbar unter http://gabi-reinmann.de/wp-content/uploads/2013/05/Studientext_DD_Sept2015.pdf, zuletzt geprüft am 10.05.2016.

Rettig, Lars (2016): Offene Hochschule – Anrechnung von beruflichen Kompetenzen, Master ohne Bachelor? Wie kann Lebenslanges Lernen im Tourismus umgesetzt werden? In: Zeitschrift für Tourismuswissenschaft, Vol. 8, Heft 1/2016, Ausbildung im Tourismus, DeGruyter Oldenbourg, S. 23–48. ISSN 2366-0406. DOI 10.1515/tw-2016-0003.

Rettig, Lars (2017): Aus-, Fort- und Weiterbildung im Tourismus. Durchlässigkeit und lebenslanges Lernen als zentrale Herausforderungen. In: Bernd Eisenstein, Rebekka Schmudde, Julian Reif und Christian Eilzer (Hg.): Tourismusatlas Deutschland. 1. Auflage. Konstanz, München: UVK, S. 108–109.

Rettig, Lars; Warszta, Tim (2016): Der Einfluss von Kursdesignelementen auf Studierendenzufriedenheit und Studierendenloyalität. Ein Policy-Capturing-Design-Ansatz. In: Wolfgang Pfau, Caroline Baetge, Svenja Mareike Bendelier, Carina Kramer und Joachim Stöter (Hg.): Teaching Trends 2016. Digitalisierung in der Hochschule: Mehr Vielfalt in der Lehre. 1. Auflage, neue Ausgabe. Münster: Waxmann (Digitale Medien in der Hochschullehre, 5), S. 177–190.

Rey, Günter Daniel (2009): E-Learning. Theorien, Gestaltungsempfehlungen und Forschung. 1. Aufl. Bern: Huber.

Rheinberg, Falko (2004): Intrinsische Motivation und Flow-Erleben. Universität Potsdam, S. 15. Online verfügbar unter http://www.psych.uni-potsdam.de/people/rheinberg/files/intrinsische-motivation.pdf, zuletzt geprüft am 28.05.2015.

Rosenstiel, Lutz von (2009): Weiterbildung von Führungskräften. Vorlesungszyklus Mitarbeiterorientierte Unternehmensführung. Ludwig-Maximilians-Universität München. München, WS 2009/2010. Online verfügbar unter http://www.psy.lmu.de/soz/studium/downloads_folien/ws_09_10/muf_09_10/rosenstiel_fuehrung.pdf, zuletzt geprüft am 11.12.2015.

Saretzki, Anja; Wilken, Markus; Wöhler, Karlheinz (2002): Lernende Tourismusregionen. Vernetzung als strategischer Erfolgsfaktor kleinerer und mittlerer Unternehmen. Münster: Lit Verlag.

Sauter, Werner (2005): Das Konzept des Blended-Learning in der betrieblichen Weiterbildung – Handlungsorientiertes Lernen und Neue Medien in der betrieblichen Bildung. In: Anne A. Huber (Hg.): Vom Wissen zum Handeln.

Ansätze zur Überwindung der Theorie-Praxis-Kluft in Schule und Erwachsenenbildung. 1. Aufl. Tübingen: Verlag Ingeborg Huber, S. 131–144.

Schulmeister, Rolf (2009): Der Computer enthält sich ein Versprechen auf die Zukunft. In: Ullrich Dittler et al. (Hg.): E-Learning: eine Zwischenbilanz. Kritischer Rückblick als Basis eines Aufbruchs. Münster, New York, NY, München, Berlin: Waxmann (Medien in der Wissenschaft, Bd. 50), S. 317–323.

Schultz, Theodore W. (1963): The economic value of education. New York: Columbia University Press.

Schüppel, Jürgen (1997): Wissensmanagement. Organisatorisches Lernen im Spannungsfeld von Wissens- und Lernbarrieren. Nachdr. Wiesbaden: Dt. Univ.-Verl. (Gabler-Edition Wissenschaft).

Scruton, Jackie; Ferguson, Belinda; Wallace, Susan (2014): Teaching and Supporting Adult Learners: Critical Publishing (Further education).

Sennett, Richard (1998): Work can screw you up: Changes in modern labour practices create more problems than they solve, says Richard Sennett. In: Financial Times 1998, zuletzt geprüft am 11.12.2015.

Sesink, Werner (2010): Einführung in das wissenschaftliche Arbeiten. Mit Internet, Textverarbeitung, Präsentation, E-Learning, Web2.0. Unter Mitarbeit von Andrea Lampe und Claudia Zentgraf. 8., vollst. überarb. und aktualisierte Aufl. München: Oldenbourg.

Siemens, George (2005): Connectivism. A Learning Theory for the Digital Age. In: International Journal of Instructional Technology und Distance Learning (Vol. 2 No.1). Online verfügbar unter http://www.itdl.org/Journal/Jan_05/article01.htm, zuletzt geprüft am 10.05.2016.

Skinner, Burrhus Frederic (1991): The behavior of organisms. An experimental analysis. Erste Ausgabe von 1938. Acton, Massachusetts: Copley Publishing Group (B. F. Skinner Foundation).

Statistisches Bundesamt (Hg.) (2008): Bildung und Kultur. Studierende an Hochschulen. Wintersemester 2007/2008. Wiesbaden (Fachserie 11 Reihe 4.1). Online verfügbar unter https://www.destatis.de/GPStatistik/servlets/MCRFileNodeServlet/DEHeft_derivate_00006843/2110410087004.pdf, zuletzt geprüft am 19.08.2015.

Statistisches Bundesamt (Hg.) (2009): Bildung und Kultur. Studierende an Hochschulen. Wintersemester 2008/2009. Wiesbaden (Fachserie 11 Reihe 4.1). Online verfügbar unter https://www.destatis.de/GPStatistik/servlets/MCRFileNodeServlet/DEHeft_derivate_00006844/2110410097004.pdf, zuletzt geprüft am 19.08.2015.

Statistisches Bundesamt (Hg.) (2010): Bildung und Kultur. Studierende an Hochschulen. Wintersemester 2009/2010. Wiesbaden (Fachserie 11 Reihe

4.1). Online verfügbar unter https://www.destatis.de/GPStatistik/receive/ DEHeft_heft_00005824, zuletzt geprüft am 19.08.2015.

Statistisches Bundesamt (Hg.) (2011a): Bildung und Kultur. Studierende an Hochschulen. Wintersemester 2010/2011. Wiesbaden (Fachserie 11 Reihe 4.1). Online verfügbar unter https://www.destatis.de/GPStatistik/servlets/MCRFileNodeServlet/DEHeft_derivate_00006845/2110410117004.pdf, zuletzt geprüft am 19.08.2015.

Statistisches Bundesamt (Hg.) (2011b): Weiterbildung. Wiesbaden. Online verfügbar unter https://www.destatis.de/DE/Publikationen/Thematisch/Bildung ForschungKultur/Weiterbildung/BeruflicheWeiterbildung5215001117004. pdf?__blob=publicationFile, zuletzt geprüft am 31.08.2015.

Statistisches Bundesamt (Hg.) (2012a): Bildung und Kultur. Studierende an Hochschulen. Wintersemester 2011/2012. Wiesbaden (Fachserie 11 Reihe 4.1). Online verfügbar unter https://www.destatis.de/GPStatistik/servlets/MCRFileNodeServlet/DEHeft_derivate_00010187/2110410127004.pdf, zuletzt geprüft am 19.08.2015.

Statistisches Bundesamt (Hg.) (2012b): Weiterbildung. Wiesbaden. Online verfügbar unter https://www.destatis.de/DE/Publikationen/Thematisch/Bildung ForschungKultur/Weiterbildung/BeruflicheWeiterbildung5215001127004. pdf?__blob=publicationFile, zuletzt geprüft am 31.08.2015.

Statistisches Bundesamt (Hg.) (2013a): Bildung und Kultur. Studierende an Hochschulen. Wintersemester 2012/2013. Wiesbaden (Fachserie 11 Reihe 4.1). Online verfügbar unter https://www.destatis.de/GPStatistik/servlets/MCRFileNodeServlet/DEHeft_derivate_00012162/2110410137004.pdf, zuletzt geprüft am 19.08.2015.

Statistisches Bundesamt (Hg.) (2013b): Weiterbildung. Wiesbaden. Online verfügbar unter https://www.destatis.de/DE/Publikationen/Thematisch/Bildung ForschungKultur/Weiterbildung/BeruflicheWeiterbildung5215001137004. pdf?__blob=publicationFile, zuletzt geprüft am 31.08.2015.

Statistisches Bundesamt (Hg.) (2014a): Bildung und Kultur. Studierende an Hochschulen. Wintersemester 2013/2014. Wiesbaden (Fachserie 11 Reihe 4.1). Online verfügbar unter https://www.destatis.de/DE/Publikationen/Thematisch/ BildungForschungKultur/Hochschulen/StudierendeHochschulenEn dg2110410147004.pdf?__blob=publicationFile, zuletzt geprüft am 19.08.2015.

Statistisches Bundesamt (Hg.) (2014b): Weiterbildung. Wiesbaden. Online verfügbar unter https://www.destatis.de/DE/Publikationen/Thematisch/Bildung ForschungKultur/Weiterbildung/BeruflicheWeiterbildung5215001147004. pdf?__blob=publicationFile, zuletzt geprüft am 31.08.2015.

Statistisches Bundesamt (Hg.) (2015a): Bildung und Kultur. Studierende an Hochschulen. Wintersemester 2014/2015. Wiesbaden (Fachserie 11 Reihe 4.1). Online verfügbar unter https://www.destatis.de/DE/Publikationen/Thematisch/ BildungForschungKultur/Hochschulen/StudierendeHochschulenEn dg2110410157004.pdf?__blob=publicationFile, zuletzt geprüft am 22.09.2015.

Statistisches Bundesamt (Hg.) (2015b): Bildung und Kultur. Berufliche Bildung. 2014. Wiesbaden (Fachserie 11 Reihe 3). Online verfügbar unter https://www.destatis.de/DE/Publikationen/Thematisch/BildungForschungKultur/BeruflicheBildung/BeruflicheBildung2110300147004.pdf?__blob=publicationFile, zuletzt geprüft am 22.09.2015.

Statistisches Bundesamt (Hg.) (2015c): Weiterbildung. Wiesbaden. Online verfügbar unter https://www.destatis.de/DE/Publikationen/Thematisch/BildungForschungKultur/Weiterbildung/BeruflicheWeiterbildung5215001157004.pdf?__blob=publicationFile, zuletzt geprüft am 04.01.2016.

Statistisches Bundesamt (Hg.) (2015d): Binnenhandel, Gastgewerbe, Tourismus. Kurz erläutert. Online verfügbar unter https://www.destatis.de/DE/ZahlenFakten/Wirtschaftsbereiche/BinnenhandelGastgewerbeTourismus/BinnenhandelGastgewerbeTourismus.html, zuletzt geprüft am 28.05.2015.

Statistisches Bundesamt (Hg.), Pressestelle (03.05.2013): Fast drei Viertel der Unternehmen bieten berufliche Weiterbildung an. Pressemitteilung vom 3. Mai 2013-154/13. Wiesbaden. Online verfügbar unter https://www.destatis.de/DE/PresseService/Presse/Pressemitteilungen/2013/05/PD13_154_215.html, zuletzt geprüft am 28.05.2015.

Stiftung neue Verantwortung e. V. (Hg.) (2009): Bildungsteilhabe durch Kapitalbildung: Das Bildungskonto-Modell für Chancengleichheit. Neuer Gesellschaftsvertrag. Unter Mitarbeit von Elisabeth Denison, Marc Diening, Benjamin Mahr und u. a. (Policy Brief, 01/09). Online verfügbar unter http://www.stiftung-nv.de/sites/default/files/2009_01_policy_brief_bildungskapital.pdf, zuletzt geprüft am 20.11.2016.

Stiftung zur Förderung der Hochschulrektorenkonferenz (Hg.) (2015): www.hochschulkompass.de. Ein Angebot der Hochschulrektorenkonferenz. Studiengangsuche mit Suchbegriff Tourismus. Stand: 04. Januar 2016.

Stiftung zur Förderung der Hochschulrektorenkonferenz (Hg.) (2016): Forschungslandkarte. Ein Angebot der Hochschulrektorenkonferenz. Online verfügbar unter http://www.forschungslandkarte.de/profilbildende-forschung-an-fachhochschulen/erweiterte-suche/detail/all.html?directView=14049, zuletzt geprüft am 08.11.2016.

Sursock, Andrée (2015): Trends 2015: Learning and Teaching in European Universities. EUA Publications 2015. European University Association asbl. Brüssel. Online verfügbar unter http://www.researchgate.net/publication/279950904_Trends_2015_Learning_and_Teaching_in_European_Universities, zuletzt geprüft am 18.09.2015.

Tay, Louis; Diener, Ed (2011): Needs and subjective well-being around the world. In: Journal of personality and social psychology 101 (2), S. 354–365. DOI: 10.1037/a0023779.

Tiberius, Victor; Schönherr, Kurt W. (Hg.) (2014): Lebenslanges Lernen. Wissen und Können als Wohlstandsfaktoren. Wiesbaden: Springer VS.

Transferstelle für Open Educational Resources (2016): Die Transferstelle für OER ist ein Think-and-Do-Tank zum Thema Open Educational Resources (OER) in Deutschland. Online verfügbar unter http://open-educational-resources.de, zuletzt geprüft am 28.06.2016.

Tredop, Dietmar (2008): Weiterbildungs-Controlling. Pädagogische und ökonomische Erkundungen aus konstruktivistisch-systemischer Sicht. Mering: Rainer Hampp Verlag (Schriften zur Berufs- und Wirtschaftspädagogik).

TU Dresden (2016): Aktuelle Informationen und wichtige Hinweise. Professur für Tourismuswirtschaft. Dresden. Online verfügbar unter https://tu-dresden.de/bu/verkehr/ivw/tou, zuletzt geprüft am 07.11.2016.

Tummons, Jonathan; Powell, Sharon (2014): A-Z of Lifelong Learning. Maidenhead: McGraw-Hill Education.

Udell, Chad; Woodill, Gary (2015): Mastering Mobile Learning. 1. Auflage. New York, NY: John Wiley und Sons.

UNESCO (2010): Most influential theories of learning. Unter Mitarbeit von The Office of Learning and Teaching, www.p21.org. Department of Education and Training; OECD. Melbourne, Paris. Online verfügbar unter http://www.unesco.org/new/en/education/themes/strengthening-education-systems/quality-framework/technical-notes/influential-theories-of-learning/, zuletzt geprüft am 05.01.2016.

Verhagen, Pløn (2006): Connectivism: a new learning theory? Online verfügbar unter https://de.scribd.com/doc/88324962/Connectivism-a-New-Learning-Theory#scribd, zuletzt geprüft am 10.05.2016.

Vroom, Victor Harold (1995): Work and motivation. First edition from 1964. San Francisco: Jossey-Bass Publishers.

Wahba, Mahmoud A.; Bridwell, Lawrence G. (1979): Maslow Reconcidered: A review of Research on the Need Hierarchy Theory. In: Organizational Behaviour and Human Performance 15, S. 212–240.

Walter, Norbert; Fischer, Heinz; Hausmann, Peter; Klös, Hans-Peter; Lobinger, Thomas; Raffelhüschen, Bernd et al. (2013): Die Zukunft der Arbeitswelt. Auf dem Weg ins Jahr 2030. Bericht der Kommission „Zukunft der Arbeitswelt" der Robert-Bosch-Stiftung, Stuttgart: Robert-Bosch-Stiftung. Online verfügbar unter http://www.bosch-stiftung.de/content/language1/downloads/Studie_Zukunft_der_Arbeitswelt_Einzelseiten.pdf, zuletzt geprüft am 27.01.2016.

Wegerich, Christine (2015): Strategische Personalentwicklung in der Praxis. Instrumente, Erfolgsmodelle, Checklisten, Praxisbeispiele. 3. Aufl., Berlin, Springer Gabler.

Weigelt, Ulf (2013): Weiterbildung nur gegen Vertragsbindung? Arbeitsrechtskolumne. In: Zeit online. Online verfügbar unter http://www.zeit.de/karriere/beruf/2013-07/arbeitsrecht-weiterbildung-vertragsbindung, zuletzt geprüft am 21.09.2015.

Williamson, Oliver E. (1990): Die ökonomischen Institutionen des Kapitalismus. Unternehmen, Märkte, Kooperationen. Tübingen: J.C.B. Mohr.

Witzel, Andreas (2000): Das problemzentrierte Interview [25 Absätze]. In: Forum Qualitative Sozialforschung / Forum: Qualitative Social Research (1(1), Art. 22). Online verfügbar unter http://nbn-resolving.de/urn:nbn:de:0114-fqs0001228, zuletzt geprüft am 22.07.2013.

Wolff, Christian (2008): Die Halbwertszeit der Wissenszwerge. Anmerkungen zu einigen „Mythen" der Wissensgesellschaft. In: Achim Geisenhanslüke und Hans Rott (Hg.): Ignoranz. Nichtwissen, Vergessen und Missverstehen in Prozessen kultureller Transformationen. Bielefeld: Transcript, S. 203–228.

Woodworth, Robert S.; Marquis, Donald G. (2014): Psychology. A study of mental life. Erste Auflage 1949. Church Road, Hove, East Sussex, New York, New York: Psychology Press.

Xiang, Zheng; Tussyadiah, Iis (2014): Information and Communication Technologies in Tourism 2014. Proceedings of the international conference in Dublin, Ireland, January 22–25, 2014. Cham, Heidelberg, New York: Springer Verlag.

Zeithaml, Valarie A.; Bitner, Mary Jo; Gremler, Dwayne D. (2013): Services marketing. Integrating customer focus across the firm. 6th ed. New York: McGraw-Hill Irwin.

Zemsky, Robert; Massy, William F. (2004): Thwarted Innovation. What happened to e-learning and why? A Final Report for The Weatherstation Project of The Learning Alliance at the University of Pennsylvania in cooperation with the Thomson Corporation. Hg. v. The Learning Alliance at the University of Pennsylvania. Philadelphia. Online verfügbar unter http://www.josemnazevedo.uac.pt/ThwartedInnovation.pdf, zuletzt geprüft am 18.05.2016.

Zuber, Ulrich (2014): Der Arbeitsplatz der Zukunft – Entwicklungspfad für eine lern- und wandlungsfähige Institution. In: Victor Tiberius und Kurt W. Schönherr (Hg.): Lebenslanges Lernen. Wissen und Können als Wohlstandsfaktoren. Wiesbaden: Springer VS, S. 171–204.

Stichwortverzeichnis

A
ability 32
activity 36
Adult Education Survey 22, 57
Akademische Bildung im Tourismus 55
Akademische Weiterbildungszertifikate 59
Alumni-Netzwerk 27
Anbieter von Weiterbildung 22, 59
Anerkennung 27, 35, 89, 114
Anforderungen an Distance Learning Lernplattformen 43
Anforderungen des Tagesgeschäfts 82, 89
Anrechnung 114
Anspruchsniveau 97, 99
Anwendungsorientierung 90, 118
Applikationen 41
Arbeitsfeld 71, 119
Arbeitslosenquote 81
asynchrone Kommunikation 45, 46
Aufstieg durch Bildung 80, 114
Aufstiegsfortbildung 57
Aufstiegsfortbildungsförderungsgesetz 57
Ausbildung 16, 19, 110
Ausbildungsberufe 19
Aushilfen 107
Austausch 50, 86, 92, 95, 110, 111, 112, 113, 119
Autonomie 39, 45, 46

B
Bachelorstudium 19
Basisfaktoren 97, 98
Basiskenntnisse 44
Basisqualität 88

Bedürfnis 23, 25, 26, 30, 31, 107
Bedürfnisbefriedigung 32
Bedürfnishierarchie 31, 34
Bedürfnis nach Selbstverwirklichung 31
Bedürfnispyramide 31
Begeisterungsfaktoren 97, 98, 99
Behaviorismus 34, 35, 37, 40
Benchmark 86, 92
berufliche Fortbildung 23
Berufsausübungsfreiheit 76
berufsbegleitendes Studium 15, 52, 53, 56, 79, 80, 100, 114, 115
Berufserfahrung 19, 64, 89
Berufsgruppen 105
Beschäftigungsfähigkeit 119
Beschäftigungsquoten 80
Bildung im Tourismus 56
Bildungsphase 21
Bindungsklauseln 76, 77
Black-Box-Modell 35
blended learning 16, 44, 45
Bologna-Prozess 56
Bundesministerium für Bildung und Forschung 30

C
C/D-Paradigma 93, 94, 97
Chancen 64, 100, 102, 103, 104, 109, 110, 121
cMOOC 45, 46
community 45, 46
Computer 41, 104, 105, 117
computer based trainings 44
computergestütztes Lernen 41
Creative Commons Lizenz 49
Curriculum 44

D
DEHOGA 107
demografische Daten 64
demografische Entwicklung 29
demografischer Wandel 29, 117
Destination 80, 90, 121
Didaktik 45
digitale Transformationen 50
Digitalisierung 47, 48
Digitalisierung der Bildung 40, 117, 121
Diskonfirmation 93
Diskussionsforen 39, 45
distance learning 42, 43
Disziplin 104
Diversität 39, 45
Dozent 118
drill-and-practice-Programme 42
Dynamik 76, 99, 104

E
E-Book 42
Echtzeit-Feedback 111, 113
Eisbrecher 63
Eisenhower-Matrix 83, 90
E-Kommunikation 42
E-Learning 47, 48, 49, 86, 102, 106, 108
E-Learningaktivitäten 52
E-Learning-Anbieter 106
E-Learning-Angebot 16, 106, 107
E-Learning-Kategorisierung 42
elektronische Medien 41
empirische Untersuchung 16, 121
employability 119
Ergebnisphase 95
Erwartung 34
Erwartungshaltung 61, 64, 88, 93, 97, 98, 99, 100, 111, 115
Erwartungshaltung an Weiterbildung 93
Erwartungstheorie 32, 34, 40

Erwerbstätigkeit 21, 23, 108, 110
Erwerb von Kompetenzen 91
Etherpads 39
Existenzsicherung 32
Expertenbefragung 61
Experteninterviews 52, 100
exponentielle Vergrößerung 28
extension 45, 46

F
face-to-face 44, 95
Fachkompetenzen 19, 69, 71, 76, 119
Fachwirt 23, 56
Fähigkeiten 19, 22, 27, 28, 76, 80, 108, 110
Fahrtkostenerstattung 73
Feedback 33, 43, 99, 111
Fernstudium 53, 54, 56, 99
Fertigkeiten 19, 76, 108, 110
finanzielle Unterstützung 71, 73
Flexibilisierung 27, 48, 49
force 34
Förderung 64, 67, 71, 72, 73, 74, 120
Förderung von Weiterbildung 71, 74
Foren 43, 46, 95, 99
formales Lernen 50
Forschungsdesign 61, 79
Forschungsmethodik 88
Fortbildung 16, 19, 23, 56, 59
Fortbildungsabschlüsse 23
Fortbildungskosten 76
Fortbildungsmaßnahmen 57
Fortbildungsprüfungen 56
Fremdbild 100, 109, 110
Führungspersönlichkeit 108

G
Gastgewerbe 23, 56, 58, 59, 90, 107
gesellschaftliche Entwicklung 25
Gewöhnungseffekt 44
Globalisierung der Wirtschaft 29

Grundsicherheit 32
Gruppendynamik 118

H
Halbwertszeit des Wissens 23, 28
Handlungsempfehlungen 109
Hemmnisse 64, 81, 82, 84, 89, 120
Hochschulabgänger 101, 114
Hochschul-Weiterbildungsangebote 79, 81
Horizonterweiterung 69, 119
Humankapital 30

I
informal 50
Informationsangebot 95
Informationskosten 94
Informationssuche 32, 94, 95
Informations- und Kommunikationstechnologie 25, 41
informelles Lernen 50
in house 41
Innovation 25, 27
Innovationszyklen 30
Interaktion 39, 45, 46, 103, 110, 119
Interaktionsprozesse 95
interaktiv 41, 85, 104, 112
internationale Konkurrenz 29
Interview 52, 62, 63, 110
intrinsischen Motivation 91
Investition in Weiterbildung 67, 74, 75, 119
Invivo-Kodes 64, 102
Ist-Zustand 93

K
Kano-Modell 97, 98
Kategorisierung 31, 64, 67
Kenntnisse 19, 22, 27, 28, 44, 76
Kernkategorien 65
Knotenpunkte 38
knowledge 28, 32, 37, 38, 39

Kognitivismus 34, 36, 37, 38, 40
kollaborativ 112
Kompetenzbereich 73
Kompetenz- und Ergebnisorientierung 42
Konfigurationsmöglichkeiten 48
Konfirmationsniveau 93
Konkurrenzanalyse 52
Konkurrenzdruck 89
Konnektivismus 34, 36, 38, 40, 45
Konnektivität 45
Können 30, 32, 33, 119
Konstruktivismus 34, 36, 37, 40
Kosten 71, 74, 90, 94, 95
kostenfrei 45, 46, 47
Kostenübernahme 73, 75
Kundenkontakt 69
Kundenzufriedenheit 93, 97, 98
Kursgebühren 71

L
Laptop 49, 117
learning by doing 103, 110, 118
learning goal orientation 91
learning-on-the-job 90
lebensbegleitendes Lernen 56
Lebenslanges Lernen 15, 16, 21, 23, 26, 33, 117
Lebensverdienst 80
Lehrsoftware 41
Leistungsfaktoren 98
Leistungskontrolle 48
Leitfadeninterview 63, 67, 82
Lernaktivitäten 91
Lernarrangements 44
Lerneffekt 35
lernen 16, 27, 30, 31, 32, 34, 38, 45, 80, 104, 107, 119, 120, 121
Lernmanagementsystem 43
Lernmaterialien 41, 43, 49
Lernmotivation 91
Lernplattformen 42, 43

Lernprozess 35, 37, 41, 43, 44, 46, 49
Lernsituation 36, 37, 39
Lernstimulus 35
Lernszenarien 41, 44
Lerntheorien 16, 31, 33, 34, 36, 40
Lernzuwächse 91
Likert-Skala 67
LINAVO 5, 15, 16, 51, 52, 81, 109
Lizenzmodelle 49

M
make or buy 119
Marketing-Mix 95, 97
Marktanforderungen 69
Marktgegebenheiten 70, 71
Marktposition 75
massive open online course 45
Masterstudium 19, 108
mastery goal orientation 91
Medienkompetenz 47, 105, 110, 118
Medienwechsel 105
Megatrends 23, 25, 26, 27, 40, 117
Mehrwert 47, 48, 88
Meister-BAföG 57
Menschentypen 69
Meta-Informationen 43
methodisch-didaktisch 49, 50, 80
Micro-Lerneinheiten 49
Mindestanforderungen 64, 71, 85, 88, 97
Modulkonzept 49
Motivation 32, 34, 44, 63, 86, 91, 92, 101, 104, 105, 110
Multimedia 48, 49
Multiplikatoren 95, 99
Mund zu Mund 100
Mund zu Ohr 100

N
Nebensaison 87, 91
Neo-Behaviorismus 34, 36, 40
Netzwerkbildung 92

Netzwerkknoten 38
Nichthochschulabgänger 101, 114
Nichtnutzungsgründe 17, 61, 64, 79, 81
Nicht-Nutzung von Weiterbildung 82, 89, 90
Nutzenstiftung 95
Nutzungsgründe 64, 85

O
offene Frage 68
Offenheit 39, 45
Onboarding 72
online 42, 45, 72, 104, 111, 112
Online-Angebote 64, 102, 104, 109, 118
onlinegestützte Hochschul-Weiterbildungsangebote 79, 81
Online-Kalender 99
Online-Lernen 39, 41
Online-Lernformat 72
Online-Lernumgebungen 47
Online-Masterstudiengang 15, 47, 79, 114, 115
Online-Weiterbildung 40, 41, 52, 64, 104, 105, 110, 112, 113, 119
Online-Zusammenschluss 47
open access 117
open educational ressources 49
Organisation 22, 27, 38, 51
Organisationsentwicklung 27
Organisationsform 27
Organisationspsychologie 31
Organismus 36, 37
Ortsnähe 86
Ortsunabhängigkeit 48, 118

P
pädagogisches Konzept 51
Pawlowscher Hund 35
peer review 46, 51
peers 50

Pendelzeit 91
performance 32, 33, 91
performance goal orientation 91
Personal 74, 75, 84, 90, 105, 121
Personalausfallkosten 90
Personalentwicklung 27, 67, 89, 90
Persönlichkeitsentwicklung 26
Perspektive 69, 89, 92, 105, 119
Pflichtkurs 72
Pflichtprogramme 72, 73
Phasenmodell 96
Potenzialphase 95
Präsenzlehre 48
Präsenzseminar 47, 102
Präsenztraining 44
Praxisbezug 101, 113
privatwirtschaftliche Angebote 59
Produktgestaltung 85
Produktionsfaktor 90
Produktionsressource 30
Produktmanagement 70
programmed learning 50
Projektive Fragestellung 100, 101
projektive Methodik 68
Projektlaufzeit 81
Prozess 38
Prozessmodell der Dienstleistungs-
  erstellung 94
Prozessphase 95
Prüfung 43, 56, 107, 108, 111
Prüfungsangst 84
Prüfungserfolgsquote 57
Prüfungsordnung 48

Q
Qualifikation 23, 75, 76, 77, 80
Qualifikationsniveau 76
Qualifikationsziele 80, 108
Qualifizierungsmaßnahme 80, 89
Qualitätssicherung 70

R
Rahmenbedingungen 23, 45, 71, 85,
  88, 119, 120
räumliche Entfernung 85, 87, 90,
  120
Reaktionsfähigkeit 71
Reisekosten 71, 90, 103
Repräsentanten 61
Return on Investment 75
Risiken 64, 100, 102, 104, 109, 110
Rückzahlungsklauseln 76, 77

S
saisonal 82, 84
Sektor 59
Selbstaktualisierungsmotiv 71
Selbstbild 100, 109
Selbstbild-Fremdbild-Matrix 100,
  110
Selbstlernen online 103
Selbstständigkeit 19
Selbststudium 99
Selbstverwirklichung 27, 31, 32
Seminar 36, 44, 47, 50, 58, 69, 73,
  112
Simulation 42
sinkende Halbwertzeit 25, 30
small private online course 46
Smartphone 49, 117
Soft Skills 69
Soll-Zustand 93, 99
S-O-R-Modell 36
soziale Erwünschtheit 68, 83, 101
soziale Netzwerke 39
Sozialkompetenz 19, 69
Spesen 71
SPOC 41, 46, 47
S-R-Modell 35, 36
Standardisierungspotenzial 49
Standortwahl 25
state 36

Steuerung der Weiterbildung 72, 73
Stimulus 34, 35, 36, 37
Stimulus-Organismus-Response-Modell 36
Stimulus-Response-Modell 35
structure 36
Strukturierung 31, 46, 64, 72, 73
Studienbriefe 44
Suchkosten 94, 97

T
Tablet 49, 117
Tagesgeschäft 82, 83, 84, 90, 121
Team-Building 107, 110
Technikhürde 104, 119
technisch-ökonomische Entwicklungen 25
Technologie 42, 49, 92
technologieunterstütztes Lernen 42
technologische Revolution 29
Teilnahme 64, 67, 70, 72, 73, 84, 85, 86, 89, 91, 105, 118, 120, 121
Teilnahmequote 58, 59
Teilzeitstudium 56, 80
Toleranzniveau 99
tool-time 120
Tourismusfachwirt 23, 56
Tourismusmanagement 15, 16, 47, 51, 52, 53, 79, 81, 108, 114, 115
touristische Studiengänge 19, 20, 53, 55
Transaktionskostentheorie 94
Transferverlust 91
Trends 69, 70, 92
Tutorial 41

U
Unsicherheit 94
Unternehmensentwicklung 27
Unternehmenskultur 71
Unternehmensnutzen 89
Unternehmenssicht 89

Unternehmensziele 80, 89
Unterrichtsmaterial 90
Unzufriedenheit 93, 98, 99

V
Valenz 34, 40
value 34
Veränderungsfähigkeit 74, 75
Veränderungsprozesse 15, 74, 76
Veranstaltungsort 86
Verantwortungsbereich 73
Vergleichsstandard 93
Videokonferenz 112, 113
Videoplattform 95
Visualisierung 48, 49
Vorerfahrung 97
Vorteile 80
Vorwissen 22

W
Wartezeit 91
wearables 117
Webinar 102, 103
Website 42
Weg-Qualifizierung 76
Weiterbildung 19, 21, 52, 57, 97, 117
Weiterbildung im Tourismus 15, 17, 40, 52, 55, 57, 58, 61, 62, 102, 119
Weiterbildungsaktivität 22, 77
Weiterbildungsangebot 52, 61, 64, 79, 84, 85, 86, 87, 88, 97, 100, 109, 120
Weiterbildungsbudget 73
Weiterbildungsinvestition 70
Weiterbildungsmöglichkeit 59
Weiterbildungsteilnehmer 80, 95
Weiterbildungszeit 88, 89, 91, 120
Weiterentwicklung 26, 69, 71, 74, 76, 89, 90, 119, 121
Wertschätzung 27
Wichtigkeit-Dringlichkeits-Matrix 83

Wichtigkeit von Weiterbildung 64, 67, 68, 76, 82, 83
win-win-win-Situation 118
Wirtschaftlichkeit 75, 107
Wirtschaftsorganisationen 57
Wissen 19, 25, 27, 29, 30, 32, 33, 37, 38, 39, 69, 71, 76, 80, 108, 117, 119
Wissensbestände 28
Wissensdurst 31
Wissensgesellschaft 30
Wissensinhalte 29
Wissensnetzwerke 39
Wissenspools 28
Wissensstrukturen 38
Wissensvermittlung 85
work based studies 102

Work-Life-Balance 26
Workshop 23, 41, 44

X
xMOOC 45, 46

Z
Zeit 28, 48, 49, 70, 76, 82, 100
Zertifikatsangebote 56
Zertifikatskurse 15, 27, 47, 79
Zertifizierungskontext 48
Zielorientierung 91, 92
Zielsetzung 15, 23, 32, 57, 58, 79, 101, 108, 114
Zielsetzungstheorie 32, 33, 34, 40
Zufriedenheit 34, 70, 93, 96, 97, 98, 99

Anhang

Gesprächsleitfaden Telefoninterviews

[Eisbrecher]
Wo sind Sie tätig? Wie ist Ihre Stellenbezeichnung?
Was machen Sie da so?

[Bedeutung von Weiterbildung]
Wie wichtig ist Weiterbildung in Ihren Augen?
Aus welchen Gründen würden sich Ihre Kollegen weiterbilden?
Wie fördert Ihr Arbeitgeber Ihre Weiterbildung?
Bzw. für GF[353]: Wie fördern Sie die Weiterbildung Ihrer Mitarbeiter?
Warum investiert Ihr Arbeitgeber in Weiterbildung?
Bzw. für GF: Warum investieren Sie in die Weiterbildung ihrer Mitarbeiter?

[Nutzungsgründe für Weiterbildung]
Denken Sie an Ihren Tagesablauf
Welche Hemmnisse gibt es Weiterbildungsangebote zu nutzen? (Hemmnisse, Nicht-Nutzung)
Wie muss ein Weiterbildungsangebot gemacht sein, damit Sie daran teilnehmen können?
Bzw. für GF: Wie muss ein Weiterbildungsangebot gemacht sein, damit Ihre Mitarbeiter daran teilnehmen können? (Rahmenbedingungen)
Wie viel Zeit könnten Sie einrichten, um an einer Weiterbildung teilzunehmen?
Was muss ein Weiterbildungsangebot erfüllen, damit Sie daran teilnehmen können? [Zuerst offen gefragt, dann Abfrage: organisatorisch? inhaltlich? (methodisch?)]

[Erwartungshaltung]
Was glauben Sie, wie die Branche über Weiterbildungsangebote von staatlichen Hochschulen denkt?
Welche Chancen sehen Sie für den Einsatz von Online-Angeboten in Ihrer Branche?
Welche Risiken/Schwierigkeiten sehen Sie für den Einsatz von Online-Angeboten in Ihrer Branche?

---

353 GF = Abkürzung für Geschäftsführung

Welche Anforderungen stellen Sie an ein Online-Weiterbildungs-Angebot?

[Optional bei der Telefonbefragung]
Ein paar demografische Daten benötigen wir zum Schluss
Geschlecht:
Alter:
Bisheriger Abschluss:
Wie viel Jahre Berufserfahrung haben Sie?
Davon als Führungskraft?
Für wie viele Unternehmen haben Sie bereits gearbeitet?

Autoreninformation

Lars Rettig (M.A.) leitet seit 2012 das hochschulübergreifende Team *Öffentlichkeitsarbeit und Beratung* für die im Rahmen des Forschungs- und Entwicklungsprojekts *Offene Hochschulen in Schleswig-Holstein: Lernen im Netz, Aufstieg vor Ort (LINAVO)* geschaffenen weiterbildenden Studiengänge.

Zudem entwickelte er als verantwortlicher Produktmanager den Online-Masterstudiengang Tourismusmanagement an der Fachhochschule Westküste. Vor seiner Tätigkeit an der Fachhochschule Westküste arbeitete er u. a. als *Referent Marktforschung* für den nordrheinwestfälischen Landesverband Tourismus NRW. Er studierte Kulturwissenschaften mit den Fächern Tourismusmanagement, Betriebswirtschaftslehre und Musik an der Universität Lüneburg mit zwei halbjährigen Auslandsaufenthalten in Spanien und Peru. Sein Forschungsinteresse liegt an der Schnittstelle von (Kultur-)Tourismus und Digitalisierung sowie in der Weiterbildung touristischer Akteure.

Nach der vorliegenden Arbeit zur Bedeutung, Erwartung und Nutzung von Weiterbildungsangeboten im Tourismus, forscht er aktuell im Rahmen des Projekts LINAVO – angelehnt an den Forschungsschwerpunkt *Das Verhalten des Menschen in Arbeit und Freizeit*[354] des Fachbereichs Wirtschaft der Fachhochschule Westküste – zur Zufriedenheit berufstätiger Menschen im Spannungsfeld von Arbeit, Freizeit und Studium.

---

354 Siehe Webseite www.forschungslandkarte.de der Stiftung zur Förderung der Hochschulrektorenkonferenz (Hg.) 2016.

Weitere Publikationen des Autors

Rettig, Lars (2017): Aus-, Fort- und Weiterbildung im Tourismus. Durchlässigkeit und lebenslanges Lernen als zentrale Herausforderungen. In: Bernd Eisenstein, Rebekka Schmudde, Julian Reif und Christian Eilzer (Hg.): Tourismusatlas Deutschland. 1. Auflage. Konstanz, München: UVK, S. 108–109. ISBN 978-3-86764-661-1.

Rettig, Lars; Warszta, Tim (2016): Der Einfluss von Kursdesignelementen auf Studierendenzufriedenheit und Studierendenloyalität. Ein Policy-Capturing-Design-Ansatz. In: Wolfgang Pfau, Caroline Baetge, Svenja Mareike Bendelier, Carina Kramer und Joachim Stöter (Hg.): Teaching Trends 2016. Digitalisierung in der Hochschule: Mehr Vielfalt in der Lehre. 1. Auflage, neue Ausgabe. Münster: Waxmann (Digitale Medien in der Hochschullehre, 5), S. 177–190. ISBN 978-3-8309-3548-3. Web: http://www.waxmann.com/buch3548

Rettig, Lars (2016): Offene Hochschule – Anrechnung von beruflichen Kompetenzen, Master ohne Bachelor? Wie kann lebenslanges Lernen im Tourismus umgesetzt werden? In: Zeitschrift für Tourismuswissenschaft, Vol. 8, Heft 1/2016, Ausbildung im Tourismus, DeGruyter Oldenbourg, S. 23–48. ISSN 1867-9501, eISSN 2366-0406. DOI 10.1515/tw-2016-0003.

Förderhinweis

Der Online-Masterstudiengang Tourismusmanagement wurde im Rahmen des Projekts Offene Hochschulen in Schleswig-Holstein: Lernen im Netz, Aufstieg vor Ort (kurz: LINAVO) entwickelt. Dieses Vorhaben wurde vom 1. Oktober 2011 bis 31. März 2015 aus Mitteln des Bundesministeriums für Bildung und Forschung und aus dem Europäischen Sozialfonds der Europäischen Union unter dem Förderkennzeichen FKZ 16OH11060 an der Fachhochschule Westküste gefördert. Der Europäische Sozialfonds ist das zentrale arbeitsmarktpolitische Förderinstrument der Europäischen Union. Er leistet einen Beitrag zur Entwicklung der Beschäftigung durch Förderung der Beschäftigungsfähigkeit, des Unternehmergeistes, der Anpassungsfähigkeit sowie der Chancengleichheit und der Investition in die Humanressourcen. Die Verantwortung für den Inhalt dieser Veröffentlichung liegt beim Autor.

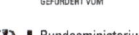

Seit dem 1. April 2015 ist das – diesem Buch zugrundeliegende – Vorhaben „Offene Hochschulen in Schleswig-Holstein: Lernen im Netz, Aufstieg vor Ort (LINAVO)" in der zweiten Förderphase. Diese wird mit Mitteln des Bundesministeriums für Bildung und Forschung unter dem Förderkennzeichen FKZ 16OH12030 an der Fachhochschule Westküste gefördert. Die Verantwortung für den Inhalt dieser Veröffentlichung liegt beim Autor.

Schriftenreihe des Instituts für Management und Tourismus (IMT)

Herausgegeben von der Fachhochschule Westküste

Die Bände 1-6 sind im Martin Meidenbauer Verlag erschienen und können über den Verlag Peter Lang, Internationaler Verlag der Wissenschaften, bezogen werden: www.peterlang.com.

Ab Band 7 erscheint diese Reihe im Verlag Peter Lang, Internationaler Verlag der Wissenschaften, Frankfurt am Main.

Band 7 Anja Wollesen: Die Balanced Scorecard als Instrument der strategischen Steuerung und Qualitätsentwicklung von Museen. Ein Methodentest, unter besonderer Berücksichtigung der Anforderungen an zeitgemäße Freizeit- und Tourismuseinrichtungen. 2012.

Band 8 Wolfgang Georg Arlt (Ed.): COTRI Yearbook 2012. 2012.

Band 9 Michael Lück / Jan Velvin / Bernd Eisenstein (eds.): The Social Side of Tourism: The Interface between Tourism, Society, and the Environment. Answers to Global Questions from the International Competence Network of Tourism Research and Education (ICNT). 2015.

Band 10 Bernd Eisenstein / Christian Eilzer / Manfred Dörr (Hrsg.): Kooperation im Destinationsmanagement: Erfolgsfaktoren, Hemmschwellen, Beispiele. Ergebnisse der 1. Deidesheimer Gespräche zur Tourismuswissenschaft. 2015.

Band 11 Michael Lück / Jarmo Ritalahti / Alexander Scherer (eds.): International Perspectives on Destination Management and Tourist Experiences. Insights from the International Competence Network of Tourism Research and Education (ICNT). 2016.

Band 12 Lars Rettig: Digitalisierung der Bildung. Warum und wie lernen wir ein Leben lang? Forschungsergebnisse zur Online-Weiterbildung im Tourismus. Bedeutung – Erwartung – Nutzung. 2017.

www.peterlang.com

www.ingramcontent.com/pod-product-compliance
Ingram Content Group UK Ltd.
Pitfield, Milton Keynes, MK11 3LW, UK
UKHW021834210426
5322IPUK00018B/258